建筑工程质量检验与安全管理

主　编　刘　萍　王　胜
副主编　杨　帆　张慧元
参　编　杨　勇　唐永鑫
主　审　颜万军

北京理工大学出版社
BEIJING INSTITUTE OF TECHNOLOGY PRESS

内容提要

本书是土建类立体化创新教材，在编写过程中，以“必须够用”为原则，力求内容简明、实用，突出高职高专特色，反映建筑工程质量管理领域的新规范、新标准。

本书分为两大模块，共包括七个项目，模块一为建筑工程质量管理，包括建筑工程施工质量验收统一标准、地基与基础工程、主体结构工程、屋面工程和建筑装饰装修工程；模块二为建筑工程安全管理，包括施工现场安全管理和建筑安全技术管理。为了便于读者自学和开展线上线下混合式教学，编写团队在爱课程平台（www.icourses.cn）配套建设“精品在线开放课程”。

本书主要供建筑工程技术专业及相关专业教师与学生使用，也可供从事工程建设的工程技术人员使用。

图书在版编目（CIP）数据

建筑工程质量检验与安全管理 / 刘萍，王胜主编. --北京：北京理工大学出版社，2023.1

ISBN 978-7-5763-1690-2

Ⅰ.①建…　Ⅱ.①刘… ②王　Ⅲ.①建筑工程－工程质量－质量检验 ②建筑工程－安全管理　Ⅳ.①TU71

中国版本图书馆CIP数据核字（2022）第164338号

出版发行 / 北京理工大学出版社有限责任公司
社　　址 / 北京市海淀区中关村南大街5号
邮　　编 / 100081
电　　话 / (010)68914775(总编室)
(010)82562903(教材售后服务热线)
(010)68944723(其他图书服务热线)
网　　址 / http://www.bitpress.com.cn
经　　销 / 全国各地新华书店
印　　刷 / 河北鑫彩博图印刷有限公司
开　　本 / 787毫米×1092毫米　1/16
印　　张 / 13.5
字　　数 / 361千字
版　　次 / 2023年1月第1版　2023年1月第1次印刷
定　　价 / 69.00元

责任编辑 / 钟　博
文案编辑 / 钟　博
责任校对 / 周瑞红
责任印制 / 王美丽

前言

为了深入贯彻《国务院办公厅关于促进建筑业持续健康发展的意见》（国办发〔2017〕19号）、《国务院关于印发国家职业教育改革实施方案的通知》（国发〔2019〕4号）等文件精神，本书以培养服务行业、服务区域发展的高素质技术技能人才为目标，依据现行的国家行业标准规范，考量建筑类1+X职业技能等级标准进行编写。

本书具有以下特点。

（1）理实一体立体化教材。以实际工程案例为基础，通过真实具体的任务，驱动学生完成知识的学习和能力的提升。全书贯穿二维码资源，实现必需知识的提前储备和拓展知识的自主学习。

（2）知识、能力、思政三位一体育人脉络清晰。以“任务导入—知识储备—任务实施—拓展训练—知识拓展—育人案例—职业链接”为主线，从知识的学习到能力的锤炼，再到思想的升华，潜移默化地实现大国工匠、能工巧匠的培养。

（3）全面推进混合式教学实施。本课程为省级精品在线开放课程，在中国大学MOOC平台常年开课，为全国院校的使用者、学习者提供免费服务。

本书分为两大模块，共包括七个项目。模块一为建筑工程质量管理，包括建筑工程施工质量验收统一标准、地基与基础工程、主体结构工程、屋面工程、建筑装饰装修工程；模块二为建筑工程安全管理，包括施工现场安全管理、建筑安全技术管理。

全书由辽宁建筑职业学院刘萍、王胜担任主编，辽宁建筑职业学院杨帆、腾越建筑工程有限公司张慧元担任副主编，辽宁建筑职业学院杨勇、唐永鑫参与编写，由辽宁鑫德建筑新型材料有限公司颜万军主审。其中，项目一由杨帆编写，项目二、项目三由王胜编写，项目四由杨勇编写，项目五任务一、二、三由唐永鑫编写，任务四、五、六由张慧元编写，项目六、项目七由刘萍编写，全书由刘萍统稿。

由于编者水平和经验有限，书中难免有不足之处，恳请读者批评指正。

编　者

目录

模块二　建筑工程安全管理

工程实例

一、工程建设概况

(1)建筑名称：××××学院教学楼。

(2)建设单位：××××学院。

(3)建设地点：××××学院院内。

(4)建筑面积：9 986 m^2。

(5)建筑层数及高度：本工程共7层，室内外高差为450 mm。1～7层层高为4.2 m，顶层水箱间层高为3.9 m，建筑高度为29.85 m，建筑总高度为30.75 m。

(6)资金来源及工程投资额：单位自筹2 000万元。

(7)开工、竣工日期：2011.07.08—2012.06.30。

(8)设计单位：××××设计研究院。

(9)施工单位：××××建筑公司。

(10)监理单位：××××监理公司。

二、工程施工概况

1. 建筑设计特点

主要功能为教室和教师办公室。该工程地面采用地砖，局部为大理石及花岗石面层，楼内顶棚设有吊顶，外窗单框双玻 LOW－e 平开窗，外墙装饰为面砖及涂料，局部为玻璃幕墙。建筑图见平面图、立面图和剖面简图。

2. 结构设计特点

结构类型为框架结构，设计使用年限为50年。静压桩基础，桩端持力层为卵石层，基础形式为桩承台和基础梁，基础底标高为－2.3 m。

该框架结构柱截面尺寸为700 mm×700 mm、600 mm×600 mm。框架梁截面尺寸为350 mm×900 mm、300 mm×1 200 mm等，次梁截面尺寸为300 mm×450 mm、300 mm×550 mm。板为现浇板及现浇空心楼盖。

该工程混凝土强度等级：承台C30，柱C40，梁板梯C30，圈梁、构造柱C20，垫层C15。

框架填充墙采用材料：±0.000以上采用小型混凝土空心砌块，外墙300 mm厚，内夹120 mm厚岩棉保温板，内墙200 mm厚，M5.0混合砂浆砌筑；±0.000以下采用混凝土实心砖，M5.0水泥砂浆砌筑。

3. 建设地点特征

本工程区域的地质情况为基本杂填土，粉质黏土和卵石层，基础坐落在卵石层上。地下水

水位较深，主导风向为夏季南风和冬季北风，累计全年月平均风速为2.9 m/s，年平均降水量在600～800 mm，大部分集中在夏季。全年日照时数少，冬季时间较长，气温较低，年平均气温为6 ℃～8 ℃，无霜期140～160 d，属温带湿润、半湿润性气候。抗震等级为二级，抗震设防烈度为7度。

4. 施工条件

施工现场水、电均由学院内接入，容量满足要求。修好临时道路一条与院外道路相通，满足现场材料的进出和机械进场，但市区道路较窄，交通拥挤，运输不便。已完成场地平整且现场地势平坦，无明显高差。

5. 施工特点分析

该工程占地面积大，单层面积较大，层数不多，工期紧，须投入的设备、劳动力、周转材料量较大；由于施工地点位于校园内，环保和文明施工要求较高。现浇空心管施工工艺第一次遇到，可借鉴的经验较少，需认真筹划。

三、图纸

见附录。

模块一　建筑工程质量管理

项目一

建筑工程施工质量验收统一标准

学习目标

【知识目标】

1. 了解建筑工程质量验收的划分目的；
2. 熟悉建筑工程质量验收相关规定；
3. 掌握分部分项工程的划分原则和规定；
4. 掌握建筑工程质量验收的程序和组织；
5. 掌握建筑工程质量管理理念。

【能力目标】

1. 能综合运用质量管理理念对建筑工程进行质量把控；
2. 能对单位工程进行质量验收划分；
3. 能组织建筑工程质量验收。

【素养目标】

1. 具备制度自信、家国情怀、使命担当精神；
2. 具备鲁班精神；
3. 具备社会责任精神；
4. 具备遵法依规的职业操守；
5. 具备团队协作意识。

项目导学

建筑工程施工质量验收统一标准
- 综合运用建筑工程质量管理理念
- 组织建筑工程质量验收

任务一　综合运用建筑工程质量管理理念

任务导入

工程实例中教学楼主要功能为教室和教师办公室，包括80人教室20个，60人制图教室4个，144人语音教室4个，教师休息室4个，行政办公室28个，会议室2个。

教学楼常年使用，并且有大量的师生出入，必须确保工程质量。因此，在工程开工前，应编制工程质量管理策划文件。在工程施工过程中，必须要用科学的质量管理理念进行有效的管理。

任务：请阐述在建筑工程质量管理方面，有哪些常用的管理理念，并结合本工程进行综合运用。

知识储备

建筑工程质量管理是指明确工程质量方针、目标、职责，通过质量体系中的质量策划、控制、保证和改进来使其实现的全部质量管理活动。建筑工程质量管理是一个系统工程，涉及企业管理的各个层次和工程现场的每个操作环节，必须建立有效的质量管理体系，运用科学的质量管理理念，才能保证质量管理水平不断提升。

建筑工程质量管理理念

一、PDCA循环管理理念

全面质量管理的工作思路是一切按PDCA循环办事，如图1-1所示。P表示计划(Plan)，D表示实施(Do)，C表示检查(Check)，A表示处置(Action)。

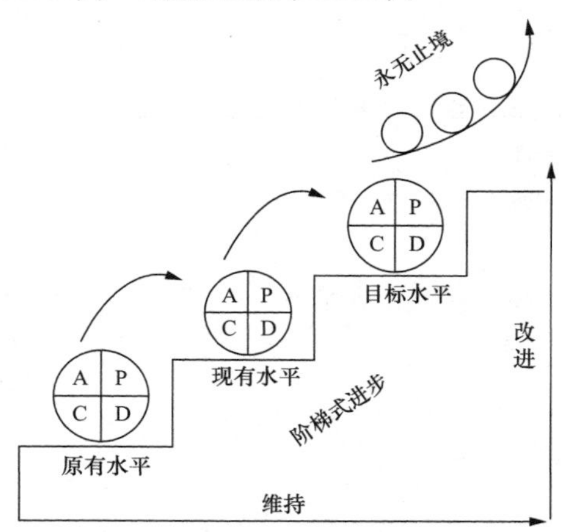

图1-1　PDCA循环原理

(1)计划是明确目标并制订实现目标的行动方案，在建设工程项目的实施中，计划是指各相关主体根据其任务目标和责任范围，确定质量控制的组织制度、工作程序、技术方法、业务流程、资源配置、试验要求、质量记录方式、不合格处理、管理措施等具体内容和做法的文件，计划还必须对其实现预期目标的可行性、有效性、经济合理性进行分析、论证，按照规定的程序与权限审批执行。

(2)实施包含两个环节，即计划行动方案的交底和按计划规定的方法与要求开展工程作业技术活动。其目的是使具体的作业者和管理者明确计划的意图和要求，掌握标准，从而规范行为，全面执行计划的行动方案，步调一致地去努力实现预期的目标。

(3)检查是指对计划实施过程进行各种检查，包括作业者的自检、互检和专职管理者专检。各类检查都包含两个方面：一是检查是否严格执行了计划的行动方案，实际条件是否发生了变化及不执行计划的原因；二是检查计划执行的结果，即产出的质量是否达到标准的要求，对此进行确认和评价。

(4)处置是指对于质量检查所发现的质量问题或质量不合格及时进行原因分析，采取必要措施予以纠正，保持质量形成的受控状态。处置分为纠偏和预防两个步骤。

二、三阶段控制管理理念

三阶段控制就是通常所说的事前控制、事中控制和事后控制，这三阶段控制构成了质量控制的系统过程。

(1)事前控制要求预先进行周密的质量计划，尤其是在工程项目施工阶段要制订质量计划、编制施工组织设计或施工项目管理实施规划，并且都必须建立在切实可行、有效实现预期质量目标的基础上，作为一种行动方案进行施工部署。事前控制的内涵包括两个方面：一是强调质量目标的计划预控；二是按质量计划进行质量活动前的准备工作状态的控制。

(2)事中控制首先是对质量活动的行为约束，即对质量产生过程中，各项作业活动操作者的自我行为约束；其次是质量活动过程和结果来自他人的监督控制，包括企业内部管理者的检查和企业外部工程监理、政府质量监督部门的监控。事中控制包含自控和监控两个环节，关键是要增强质量意识，因此，在质量活动中，通过监督机制和激励机制相结合的管理方法，发挥操作者更好的自我控制能力以达到质量控制的效果是可行的。

(3)事后控制包括对质量活动结果的评价认定和对质量偏差的纠正。事前控制越周密，事中控制越严格，实现质量目标的概率越大，理想状况是各项作业活动一次合格，但实际上，由于客观因素、偶然因素等影响，导致部分工程达不到一次合格。因此，当质量的实际值与目标值超出允许偏差时，就必须要分析原因，采取纠偏措施，保证质量处于受控状态。

以上三个环节不是各自孤立和截然分开的，而是一个系统过程，实际上也就是 PDCA 循环具体化，在每次滚动循环中不断提高，以达到质量管理的持续改进。

三、三全控制管理理念

三全控制包括全面质量控制、全过程质量控制和全员质量控制。

(1)全面质量控制包括建设工程各参与主体的工程质量与工作质量的全面控制，如业主、监理、勘察、设计、施工总包、施工分包、材料设备供应商等。任何一方、任何环节的怠慢疏忽或质量责任不到位都会造成对建设工程质量的影响。

(2)全过程质量控制是指根据工程质量的形成规律，从源头抓起，全过程推进。按照建设程序，从项目建议书或建设构想提出，历经项目鉴别、选择、策划、可研、决策、立项、勘察、设计、发包、施工、验收、使用等各个环节，构成建设项目的总过程。

(3)全员质量控制是指全员参与质量控制，无论是组织内部的管理者还是作业者，每个岗位都承担相应的质量职能，一旦确定了质量方针目标，就应组织和动员全体员工参与到实施质量方针的系统活动中，要发挥每个人的作用。

三个建筑工程质量管理理念，即“PDCA 循环的管理理念、三阶段控制的管理理念、三全控制的管理理念”，在对建筑工程质量进行控制时要综合运用。

任务实施

任务： 请阐述在建筑工程质量管理方面，有哪些常用的管理理念，并结合本工程进行综合应用，填写完成表1-1。

表1-1　常用的质量管理理念及其综合应用

序号	名称	释义	综合应用
1			
2			
3			

拓展训练

某建筑工程建筑面积为120 000 m^2，现浇钢筋混凝土结构，箱形基础。地下2层，地上10层，基础埋深10 m。在工程施工前，施工单位项目技术负责人编制了《工程质量策划书》，明确提出按照三全质量管理理念开展工作。之后，质量员按照三全质量管理理念，对事前工作、事中工作及事后工作进行了详细的安排。

拓展训练答案

问题：

1. 质量员的做法是否妥当？请说明理由。
2. 详细论述建筑工程质量管理理念。

育人案例

火神山医院和雷神山医院

2020年1月23日10时，连夜基础施工；1月24日除夕，完成场地平整；1月25日，正式开工；2月2日，火神山医院交付使用。

2020年1月25日16时，项目启动；1月26日，开始场地平整等工作；1月27日，正式开工；2月6日，雷神山医院开展验收并逐步移交。

火神山医院和雷神山医院建设

在24小时“云监工”的注视下，3.39万平方米的火神山医院、7.99万平方米的雷神山医院拔地而起，这是与疫情赛跑的“中国速度”。

时间紧、任务重、人员物资有限、参与单位众多，如何协同作战？制定“小时制”作战地图，倒排工期，将每一步施工计划精确至小时乃至分钟，大量运用装配式建造、BIM建模、智慧建造等前沿技术，根据现场情况实时纠偏，使数百家分包、上千道工序、4万多名建设者都能统一协调、密切配合，确保规划设计、方案编制、现场施工、资源保障无缝衔接、同步推进。

1. 质量管理理念的应用

计划精确至小时，并根据现场情况实时纠偏，这是PDCA质量管理理念。让数百家分包、上千道工序、4万多名建设者都能统一协调、密切配合，这是三全质量管理理念。确保规划设计、方案编制、现场施工、资源保障无缝衔接、同步推进，这是三阶段质量管理理念。这个两山工程案例，就是三大质量管理理念综合运用的最佳体现。

2. 中国速度的实现

利用10天左右时间，完成了正常2年工期的工程，之所以能够创造出震惊世界的奇迹，除科学的管理、先进的技术外，还有一群在大年三十“挺身而出、逆行出征”的人。

启示：之所以能够调动这么多的人、物、财等资源，主要还是因为我国的中国特色社会主义制度，之所以能够有4万多人奔赴前线，主要是因为我国人民的家国情怀和敢于奉献的精神。

任务二　组织建筑工程质量验收

任务导入

工程实例中教学楼涵盖地基基础工程、主体结构工程、屋面工程及装饰装修工程等分部工程，要想保证教学楼工程的质量，就必须划分出各子分部工程、分项工程及检验批。通过对检验批质量的控制，从而控制各分项工程、子分部工程、分部工程的质量，最终确保单位工程顺利通过验收。

任务：对该教学楼的验收单元进行划分，并填写教学楼施工质量验收相关表格。

知识储备

一、基本规定

(1)施工现场应具有健全的质量管理体系、相应的施工技术标准、施工质量检验制度和综合施工质量水平评定考核制度，施工现场质量管理可按表1-2的要求进行检查记录。

表1-2　施工现场质量管理检查记录

开工日期：　年　月　日

工程名称			施工许可证号		
建设单位			项目负责人		
设计单位			项目负责人		
监理单位			总监理工程师		
施工单位		项目负责人		项目技术负责人	
序号	项目		主要内容		
1	项目部质量管理体系				
2	现场质量责任制				
3	主要专业工种操作岗位证书				
4	分包单位管理制度				
5	图纸会审记录				
6	地质勘察资料				
7	施工技术标准				
8	施工组织设计、施工方案编制及审批				
9	物资采购管理制度				
10	施工设施和机械设备管理制度				

续表

序号	项目	主要内容
11	计量设备配备	
12	检测试验管理制度	
13	工程质量检查验收制度	
14		
自检结果： 施工单位项目负责人：　　年　月　日		检查结论： 总监理工程师：　　年　月　日

表 1-2 填写范例

（2）未实行监理的建筑工程，建设单位相关人员应履行《建筑工程施工质量验收统一标准》（GB 50300—2013）涉及的监理职责。

（3）建筑工程的施工质量控制应符合下列规定：

1）建筑工程采用的主要材料、半成品、成品、建筑构配件、器具和设备应进行进场验收。凡涉及安全、节能、环境保护和主要使用功能的重要材料、产品，应按各专业工程施工规范、验收规范和设计文件等规定进行复检，并应经监理工程师检查认可。

2）各施工工序应按施工技术标准进行质量控制，每道施工工序完成后，经施工单位自检符合规定后，才能进行下道工序施工。各专业工种之间的相关工序应进行交接检验，并形成记录。

3）对于监理单位提出检查要求的重要工序，应经监理工程师检查认可，才能进行下道工序施工。

（4）符合下列条件之一时，可按相关专业验收规范的规定适当调整抽样复验、试验数量，调整后的抽样复验、试验方案应由施工单位编制，并报监理单位审核确认。

1）同一项目中由相同施工单位施工的多个单位工程，使用同一生产厂家的同品种、同规格、同批次的材料、构配件、设备。

2）同一施工单位在现场加工的成品、半成品、构配件用于同一项目中的多个单位工程。

3）在同一项目中，针对同一抽样对象已有检验成果可以重复利用。

（5）当专业验收规范对工程中的验收项目未作出相应规定时，应由建设单位组织监理、设计、施工等相关单位制定专项验收要求。涉及安全、节能、环境保护等项目的专项验收要求应由建设单位组织专家论证。

（6）建筑工程施工质量应按下列要求进行验收：

1）工程质量验收均应在施工单位自检合格的基础上进行；

2）参加工程施工质量验收的各方人员应具备相应的资格；

3）检验批的质量应按主控项目和一般项目验收；

4）对涉及结构安全、节能、环境保护和主要使用功能的试块、试件及材料，应在进场时或施工中按规定进行见证检验；

5）隐蔽工程在隐蔽前应由施工单位通知监理单位进行验收，并应形成验收文件，验收合格后方可继续施工；

6）对涉及结构安全、节能、环境保护和使用功能的重要分部工程，应在验收前按规定进行抽样检测；

7）工程的观感质量应由验收人员现场检查，并应共同确认。

（7）建筑工程施工质量验收合格应符合下列要求：

1）符合工程勘察、设计文件的要求；

2）符合《建筑工程施工质量验收统一标准》（GB 50300—2013）和相关专业验收规范的规定。

（8）检验批的质量检验，应根据检验项目的特点在下列抽样方案中选取：

1）计量、计数或计量－计数的抽样方案；

2）一次、二次或多次抽样方案；

3）对重要的检验项目，当有简易快速的检验方法时，选用全数检验方案；

4）根据生产连续性和生产控制稳定性情况，采用调整型抽样方案；

5）经实践证明有效的抽样方案。

（9）检验批抽样样本应随机抽取，满足分布均匀、具有代表性的要求，抽样数量应符合有关专业验收规范的规定。当采用计数抽样时，最小抽样数量应符合表 1-3 的规定。

明显不合格的个体可不纳入检验批，但应进行处理，使其满足有关专业验收规范的规定，并对处理情况予以记录并重新验收。

表 1-3　检验批最小抽样数量

检验批的容量	最小抽样数量	检验批的容量	最小抽样数量
2 ~ 15	2	151 ~ 280	13
16 ~ 25	3	281 ~ 500	20
26 ~ 90	5	501 ~ 1 200	32
91 ~ 150	8	1 201 ~ 3 200	50

（10）计量抽样的错判概率 α 和漏判概率 β 可按下列规定采取：

1）主控项目：对应于合格质量水平的 α 和 β 均不宜超过 5%；

2）一般项目：对应于合格质量水平的 α 不宜超过 5%，β 不宜超过 10%。

二、建筑工程质量验收的划分

建筑工程质量验收划分原则如下：

建筑工程质量验收的划分

（1）建筑工程施工质量验收应划分为单位工程、分部工程、分项工程和检验批。

（2）单位工程应按下列原则划分：

1）具备独立施工条件并能形成独立使用功能的建筑物或构筑物为一个单位工程。

2）对于规模较大的单位工程，可将其能形成独立使用功能的部分为一个子单位工程。

（3）分部工程应按下列原则划分：

1）可按专业性质、工程部位确定。

2）当分部工程较大或较复杂时，可按材料种类、施工特点、施工程序、专业系统及类别将分部工程划分为若干子分部工程。

（4）分项工程可按主要工种、材料、施工工艺、设备类别等进行划分。

（5）检验批可根据施工、质量控制和专业验收的需要，按工程量、楼层、施工段、变形缝进行划分。

（6）建筑工程的分部工程、分项工程划分宜按表 1-4 进行。

(7)施工前，应由施工单位制定分项工程和检验批的划分方案，并由监理单位审核。对于表1-4及相关专业验收规范未涵盖的分项工程和检验批，可由建设单位组织监理、施工等单位协商确定。

表 1-4　建筑工程的分部工程、分项工程划分

序号	分部工程	子分部工程	分项工程
1	地基与基础	地基	素土、灰土地基，砂和砂石地基、土工合成材料地基，粉煤灰地基，强夯地基，注浆地基，预压地基，砂石桩复合地基，高压旋喷注浆地基，水泥土搅拌桩地基，土和灰土挤密桩复合地基，水泥粉煤灰碎石桩复合地基，夯实水泥土桩复合地基
		基础	无筋扩展基础，钢筋混凝土扩展基础，筏形与箱形基础，钢结构基础，钢管混凝土结构基础，型钢混凝土结构基础，钢筋混凝土预制桩基础，泥浆护壁成孔灌注桩基础，干作业成孔桩基础，长螺旋钻孔压灌桩基础，沉管灌注桩基础，钢桩基础，锚杆静压桩基础，岩石锚杆基础，沉井与沉箱基础
		基坑支护	灌注桩排桩围护墙，板桩围护墙，咬合桩围护墙，型钢水泥土搅拌墙，土钉墙，地下连续墙，水泥土重力式挡墙，内支撑，锚杆，与主体结构相结合的基坑支护
		地下水控制	降水与排水，回灌
		土方	土方开挖，土方回填，场地平整
		边坡	喷锚支护，挡土墙，边坡开挖
		地下防水	主体结构防水，细部构造防水，特殊施工法结构防水，排水，注浆
2	主体结构	混凝土结构	模板，钢筋，混凝土，预应力、现浇结构，装配式结构
		砌体结构	砖砌体，混凝土小型空心砌块砌体，石砌体，配筋砌体，填充墙砌体
		钢结构	钢结构焊接，紧固件连接，钢零部件加工，钢构件组装及预拼装，单层钢结构安装，多层及高层钢结构安装，钢管结构安装，预应力钢索和膜结构，压型金属板，防腐涂料涂装，防火涂料涂装
		钢管混凝土结构	构件现场拼装，构件安装，钢管焊接，构件连接，钢管内钢筋骨架，混凝土
		型钢混凝土结构	型钢焊接，紧固件连接，型钢与钢筋连接，型钢构件组装及预拼装，型钢安装，模板，混凝土
		铝合金结构	铝合金焊接，紧固件连接，铝合金零部件加工，铝合金构件组装，铝合金构件预拼装，铝合金框架结构安装，铝合金空间网格结构安装，铝合金面板，铝合金幕墙结构安装，防腐处理
		木结构	方木和原木结构，胶合木结构，轻型木结构，木结构的防护
3	建筑装饰装修	建筑地面	基层铺设，整体面层铺设，板块面层铺设，木、竹面层铺设
		抹灰	一般抹灰，保温层薄抹灰，装饰抹灰，清水砌体勾缝
		外墙防水	外墙砂浆防水，涂膜防水，透气膜防水
		门窗	木门窗安装，金属门窗安装，塑料门窗安装，特种门安装，门窗玻璃安装
		吊顶	整体面层吊顶，板块面层吊顶，格栅吊顶
		轻质隔墙	板材隔墙，骨架隔墙，活动隔墙，玻璃隔墙

续表

序号	分部工程	子分部工程	分项工程
3	建筑装饰装修	饰面板	石板安装，陶瓷板安装，木板安装，金属板安装，塑料板安装
		饰面砖	外墙饰面砖粘贴，内墙饰面砖粘贴
		幕墙	玻璃幕墙安装，金属幕墙安装，石材幕墙安装，陶板幕墙安装
		涂饰	水性涂料涂饰，溶剂型涂料涂饰，美术涂饰
		裱糊与软包	裱糊，软包
		细部	橱柜制作与安装，窗帘盒和窗台板制作与安装，门窗套制作与安装，护栏和扶手制作与安装，花饰制作与安装
4	屋面	基层与保护	找平层和找坡层，隔汽层，隔离层，保护层
		保温与隔热	板状材料保温层，纤维材料保温层，喷涂硬泡聚氨酯保温层，现浇泡沫混凝土保温层，种植隔热层，架空隔热层，蓄水隔热层
		防水与密封	卷材防水层，涂膜防水层，复合防水层，接缝密封防水
		瓦面与板面	烧结瓦和混凝土瓦铺装，沥青瓦铺装，金属板铺装，玻璃采光顶铺装
		细部构造	檐口，檐沟和天沟，女儿墙和山墙，水落口，变形缝，伸出屋面管道，屋面出入口，反梁过水孔，设施基座，屋脊，屋顶面
5	建筑给水排水及供暖	略	
6	通风与空调	略	
7	建筑电气	略	
8	智能建筑	略	
9	建筑节能	略	
10	电梯	略	

(8)室外工程可根据专业类别和工程规模按表1-5的规定划分子单位工程、分部工程和分项工程。

表1-5　室外工程划分

单位工程	子单位工程	分部工程
室外设施	道路	路基、基层、面层、广场与停车场、人行道、人行地道、挡土墙、附属构筑物
	边坡	土石方、挡土墙、支护
附属建筑及室外环境	附属建筑	车棚、围墙、大门、挡土墙
	室外环境	建筑小品、亭台、水景、连廊、花坛、场坪绿化、景观桥

三、建筑工程质量验收

(1)检验批质量验收合格应符合下列规定：

1)主控项目的质量经抽样检验均应合格。

2)一般项目的质量经抽样检验合格。当采用计数抽样时，合格点率应符合有关专业验收规范的规定，且不得存在严重缺陷。对于计数抽样的一般项目，正常检验一次抽样应按表1-6判定，正常检验二次抽样应按表1-7判定，抽样方案应在抽样前确定。

建筑工程质量验收

表 1-6　一般项目正常一次性抽样的判定

样本容量	合格判定数	不合格判定数	样本容量	合格判定数	不合格判定数
5	1	2	32	7	8
8	2	3	50	10	11
13	3	4	80	14	15
20	5	6	125	21	22

表 1-7　一般项目正常二次性抽样的判定

抽样次数	样本容量	合格判定数	不合格判定数	抽样次数	样本容量	合格判定数	不合格判定数
(1)	3	0	2	(1)	20	3	6
(2)	6	1	2	(2)	40	9	10
(1)	5	0	3	(1)	32	5	9
(2)	10	3	4	(2)	64	12	13
(1)	8	1	3	(1)	50	7	11
(2)	16	4	5	(2)	100	18	19
(1)	13	2	5	(1)	80	11	16
(2)	26	6	7	(2)	160	26	27

注：1. (1)和(2)表示抽样次数，(2)对应的样本容量为两次抽样的累计数量。
2. 样本容量在表 1-6 或表 1-7 给出的数值之间时，合格判定数可通过插值并四舍五入取整确定。

3)具有完整的施工操作依据、质量验收记录。

(2)分项工程质量验收合格应符合下列规定：

1)所含检验批的质量均应验收合格；

2)所含检验批的质量验收记录应完整。

(3)分部工程质量验收合格应符合下列规定：

1)所含分项工程的质量均应验收合格；

2)质量控制资料应完整；

3)有关安全、节能、环境保护和主要使用功能的抽样检验结果应符合相关规定；

4)观感质量应符合要求。

(4)单位工程质量验收合格应符合下列规定：

1)所含分部工程的质量均应验收合格；

2)质量控制资料应完整；

3)所含分部工程中有关安全、节能、环境保护和主要使用功能的检验资料应完整；

4)主要使用功能项目的抽查结果应符合相关专业验收规范的规定；

5)观感质量应符合要求。

(5)当建筑工程施工质量不符合要求时，应按下列规定进行处理：

1)经返工或返修的检验批，应重新进行验收。

2)经有资质的检测机构检测鉴定能够达到设计要求的检验批，应予以验收。

3)经有资质的检测机构检测鉴定达不到设计要求，但经原设计单位核算认可能够满足安全和使用功能的检验批，可予以验收。

4)经返修或加固处理的分项、分部工程，满足安全及使用功能要求时，可按技术处理方案

和协商文件的要求予以验收。

(6)工程质量控制资料应齐全完整。当部分资料缺失时，应委托有资质的检测机构按有关标准进行相应的实体检验或抽样试验。

(7)经返修或加固处理仍不能满足安全或重要使用要求的分部工程及单位工程，严禁验收。

四、建筑工程质量验收程序和组织

建筑工程质量验收的程序和组织

(1)检验批应由专业监理工程师组织施工单位项目专业质量检查员、专业工长等进行验收。

(2)分项工程应由专业监理工程师组织施工单位项目专业技术负责人等进行验收。

(3)分部工程应由总监理工程师组织施工单位项目负责人和项目技术负责人等进行验收。勘察、设计单位项目负责人和施工单位技术、质量部门负责人应参加地基与基础分部工程的验收。设计单位项目负责人和施工单位技术、质量部门负责人应参加主体结构、节能分部工程的验收。

(4)单位工程中的分包工程完工后，分包单位应对所承包的工程项目进行自检，并应按《建筑工程施工质量验收统一标准》(GB 50300—2013)规定的程序进行验收。验收时，总包单位应派人参加。分包单位应将所分包工程的质量控制资料整理完整，并移交给总包单位。

(5)单位工程完工后，施工单位应自行组织有关人员进行自检，总监理工程师应组织专业监理工程师对工程质量进行竣工预验收。存在施工质量问题时，应由施工单位整改。整改完毕后，由施工单位向建设单位提交工程竣工报告，申请工程竣工验收。

(6)建设单位收到工程竣工验收报告后，应由建设单位项目负责人组织监理、施工、设计、勘察等单位项目负责人进行单位工程验收。

任务实施

任务：对该教学楼的验收单元进行划分，并填写教学楼施工质量验收表1-8～表1-14。

表1-8 ________检验批质量验收记录 编号：

<table>
<tr><td colspan="3">单位(子单位)工程名称</td><td></td><td>分部(子分部)工程名称</td><td></td><td>分项工程名称</td><td></td></tr>
<tr><td colspan="3">施工单位</td><td></td><td>项目负责人</td><td></td><td>检验批容量</td><td></td></tr>
<tr><td colspan="3">分包单位</td><td></td><td>分包单位项目负责人</td><td></td><td>检验批部位</td><td></td></tr>
<tr><td colspan="3">施工依据</td><td></td><td>验收依据</td><td colspan="3"></td></tr>
<tr><td rowspan="4">主控项目</td><td colspan="3">验收项目</td><td>设计要求及规范规定</td><td>最小/实际抽样数量</td><td>检查记录</td><td>检查结果</td></tr>
<tr><td>1</td><td colspan="2"></td><td></td><td></td><td></td><td></td></tr>
<tr><td>2</td><td colspan="2"></td><td></td><td></td><td></td><td></td></tr>
<tr><td>3</td><td colspan="2"></td><td></td><td></td><td></td><td></td></tr>
<tr><td rowspan="4">一般项目</td><td>1</td><td colspan="2"></td><td></td><td></td><td></td><td></td></tr>
<tr><td>2</td><td colspan="2"></td><td></td><td></td><td></td><td></td></tr>
<tr><td>3</td><td colspan="2"></td><td></td><td></td><td></td><td></td></tr>
<tr><td>4</td><td colspan="2"></td><td></td><td></td><td></td><td></td></tr>
</table>

续表

施工单位 检查结果	专业工长： 项目专业质量检查员： 年 月 日
监理单位 验收结论	专业监理工程师 年 月 日

表 1-9 ________分项工程质量验收记录 编号：

<table>
<tr><td colspan="2">单位(子单位)工程名称</td><td colspan="2"></td><td>分部(子分部)工程名称</td><td colspan="2"></td></tr>
<tr><td colspan="2">分项工程数量</td><td colspan="2"></td><td>检验批数量</td><td colspan="2"></td></tr>
<tr><td colspan="2">施工单位</td><td colspan="2"></td><td>项目负责人</td><td></td><td>项目技术负责人</td></tr>
<tr><td colspan="2">分包单位</td><td colspan="2"></td><td>分包单位项目负责人</td><td></td><td>分包内容</td></tr>
<tr><td>序号</td><td>检验批名称</td><td>检验批容量</td><td>部位/区段</td><td>施工单位检查结果</td><td colspan="2">监理单位验收结论</td></tr>
<tr><td>1</td><td></td><td></td><td></td><td></td><td colspan="2"></td></tr>
<tr><td>2</td><td></td><td></td><td></td><td></td><td colspan="2"></td></tr>
<tr><td>3</td><td></td><td></td><td></td><td></td><td colspan="2"></td></tr>
<tr><td>4</td><td></td><td></td><td></td><td></td><td colspan="2"></td></tr>
<tr><td>5</td><td></td><td></td><td></td><td></td><td colspan="2"></td></tr>
<tr><td>6</td><td></td><td></td><td></td><td></td><td colspan="2"></td></tr>
<tr><td>7</td><td></td><td></td><td></td><td></td><td colspan="2"></td></tr>
<tr><td>8</td><td></td><td></td><td></td><td></td><td colspan="2"></td></tr>
<tr><td>9</td><td></td><td></td><td></td><td></td><td colspan="2"></td></tr>
<tr><td>10</td><td></td><td></td><td></td><td></td><td colspan="2"></td></tr>
<tr><td>11</td><td></td><td></td><td></td><td></td><td colspan="2"></td></tr>
<tr><td>12</td><td></td><td></td><td></td><td></td><td colspan="2"></td></tr>
<tr><td>13</td><td></td><td></td><td></td><td></td><td colspan="2"></td></tr>
<tr><td>14</td><td></td><td></td><td></td><td></td><td colspan="2"></td></tr>
<tr><td>15</td><td></td><td></td><td></td><td></td><td colspan="2"></td></tr>
<tr><td colspan="7">说明：</td></tr>
<tr><td colspan="2">施工单位
检查结论</td><td colspan="5">项目专业技术负责人：
年 月 日</td></tr>
<tr><td colspan="2">监理单位
验收结论</td><td colspan="5">专业监理工程师：
年 月 日</td></tr>
</table>

表 1-10 ________分部工程质量验收记录　　编号：

单位(子单位)工程名称				子分部工程数量		分项工程数量	
施工单位				项目负责人		技术(质量)负责人	
分包单位				分包单位负责人		分包内容	
序号	子分部工程名称	分项工程名称	检验批数量	施工单位检查结果		监理单位验收结论	
1							
2							
3							
4							
5							
6							
7							
8							
质量控制资料							
安全和功能检验报告							
观感质量检验结果							
综合验收结论							
施工单位 项目负责人： 年　月　日		勘察单位 项目负责人： 年　月　日		设计单位 项目负责人： 年　月　日		监理单位 总监理工程师： 年　月　日	
注：1. 地基与基础分部工程的验收应由施工、勘察、设计单位项目负责人和总监理工程师参加并签字。 2. 主体结构、节能分部工程的验收应由施工、设计单位项目负责人和总监理工程师参加并签字。							

表 1-11 ________单位工程质量竣工验收记录

工程名称		结构类型		层数/建筑面积	
施工单位		技术负责人		开工日期	年　月　日
项目负责人		项目技术负责人		完工日期	年　月　日
序号	项目	验收记录		验收结论	
1	分部工程验收	共　分部，经查符合设计及标准规定　分部			
2	质量控制资料核查	共　项，经核查符合规定　项			
3	安全和主要使用功能核查及抽查结果	共核查　项，符合规定　项，共抽查　项，符合规定　项，经返工处理符合规定　项			
4	观感质量验收	共抽查　项，达到“好”和“一般”的　项，经返修处理符合要求的　项			

续表

<table>
<tr><td colspan="2">综合验收结论</td><td colspan="4"></td></tr>
<tr><td rowspan="2">参加验收单位</td><td>建设单位</td><td>监理单位</td><td>施工单位</td><td>设计单位</td><td>勘察单位</td></tr>
<tr><td>（公章）
项目负责人：
年 月 日</td><td>（公章）
总监理工程师：
年 月 日</td><td>（公章）
项目负责人：
年 月 日</td><td>（公章）
项目负责人：
年 月 日</td><td>（公章）
项目负责人：
年 月 日</td></tr>
<tr><td colspan="6">注：单位工程验收时，验收签字人员应由相应单位的法人代表书面授权。</td></tr>
</table>

表 1-12　单位工程质量控制资料核查记录

<table>
<tr><td colspan="2">工程名称</td><td colspan="2"></td><td colspan="2">施工单位</td><td colspan="3"></td></tr>
<tr><td rowspan="2">序号</td><td rowspan="2">项目</td><td rowspan="2" colspan="2">资料名称</td><td rowspan="2">份数</td><td colspan="2">施工单位</td><td colspan="2">监理单位</td></tr>
<tr><td>核查意见</td><td>核查人</td><td>核查意见</td><td>核查人</td></tr>
<tr><td>1</td><td rowspan="11">建筑与结构</td><td colspan="2">图纸会审记录、设计变更通知单、工程洽商记录</td><td></td><td></td><td rowspan="11"></td><td></td><td rowspan="11"></td></tr>
<tr><td>2</td><td colspan="2">工程定位测量、放线记录</td><td></td><td></td><td></td></tr>
<tr><td>3</td><td colspan="2">原材料出厂合格证及进场检验、试验报告</td><td></td><td></td><td></td></tr>
<tr><td>4</td><td colspan="2">施工试验报告及见证检测报告</td><td></td><td></td><td></td></tr>
<tr><td>5</td><td colspan="2">隐蔽工程验收记录</td><td></td><td></td><td></td></tr>
<tr><td>6</td><td colspan="2">施工记录</td><td></td><td></td><td></td></tr>
<tr><td>7</td><td colspan="2">地基基础、主体结构检验及抽样检测资料</td><td></td><td></td><td></td></tr>
<tr><td>8</td><td colspan="2">分项、分部工程质量验收记录</td><td></td><td></td><td></td></tr>
<tr><td>9</td><td colspan="2">工程质量事故调查处理资料</td><td></td><td></td><td></td></tr>
<tr><td>10</td><td colspan="2">新技术论证、备案及施工记录</td><td></td><td></td><td></td></tr>
<tr><td>11</td><td colspan="2"></td><td></td><td></td><td></td></tr>
<tr><td colspan="2">给水排水与供暖</td><td colspan="7">略</td></tr>
<tr><td colspan="2">通风与空调</td><td colspan="7">略</td></tr>
<tr><td colspan="2">建筑电气</td><td colspan="7">略</td></tr>
<tr><td colspan="2">智能建筑</td><td colspan="7">略</td></tr>
<tr><td colspan="2">建筑节能</td><td colspan="7">略</td></tr>
<tr><td colspan="2">电梯</td><td colspan="7">略</td></tr>
<tr><td colspan="9">结论：

施工单位项目负责人：　　　　　　　　　　总监理工程师：
年 月 日　　　　　　　　　　年 月 日</td></tr>
</table>

表 1-13　单位工程安全和功能检验资料核查及主要功能抽查记录

<table>
<tr><td colspan="2">工程名称</td><td></td><td colspan="2">施工单位</td><td colspan="2"></td></tr>
<tr><td>序号</td><td>项目</td><td>安全和功能检查项目</td><td>份数</td><td>核查意见</td><td>抽查结果</td><td>核查(抽查)人</td></tr>
<tr><td>1</td><td rowspan="16">建筑与结构</td><td>地基承载力检验报告</td><td></td><td></td><td></td><td rowspan="16"></td></tr>
<tr><td>2</td><td>桩基承载力检验报告</td><td></td><td></td><td></td></tr>
<tr><td>3</td><td>混凝土强度试验报告</td><td></td><td></td><td></td></tr>
<tr><td>4</td><td>砂浆强度试验报告</td><td></td><td></td><td></td></tr>
<tr><td>5</td><td>主体结构尺寸、位置抽查记录</td><td></td><td></td><td></td></tr>
<tr><td>6</td><td>建筑物垂直度、标高、全高测量记录</td><td></td><td></td><td></td></tr>
<tr><td>7</td><td>屋面淋水或蓄水试验记录</td><td></td><td></td><td></td></tr>
<tr><td>8</td><td>地下室渗漏水检测记录</td><td></td><td></td><td></td></tr>
<tr><td>9</td><td>有防水要求的地面蓄水试验记录</td><td></td><td></td><td></td></tr>
<tr><td>10</td><td>抽气(风)道检查记录</td><td></td><td></td><td></td></tr>
<tr><td>11</td><td>外窗气密性、水密性、耐风压检测报告</td><td></td><td></td><td></td></tr>
<tr><td>12</td><td>幕墙气密性、水密性、耐风压检测报告</td><td></td><td></td><td></td></tr>
<tr><td>13</td><td>建筑物沉降观测测量记录</td><td></td><td></td><td></td></tr>
<tr><td>14</td><td>节能、保温测试记录</td><td></td><td></td><td></td></tr>
<tr><td>15</td><td>室内环境检测报告</td><td></td><td></td><td></td></tr>
<tr><td>16</td><td>土壤氡气浓度检测报告</td><td></td><td></td><td></td></tr>
<tr><td colspan="2">给水排水与供暖</td><td colspan="5">略</td></tr>
<tr><td colspan="2">通风与空调</td><td colspan="5">略</td></tr>
<tr><td colspan="2">建筑电气</td><td colspan="5">略</td></tr>
<tr><td colspan="2">智能建筑</td><td colspan="5">略</td></tr>
<tr><td colspan="2">建筑节能</td><td colspan="5">略</td></tr>
<tr><td colspan="2">电梯</td><td colspan="5">略</td></tr>
<tr><td colspan="7">结论：

施工单位项目负责人：　　　　　　　　　　总监理工程师：
年　月　日　　　　　　　　　　年　月　日</td></tr>
<tr><td colspan="7">注：抽查项目由验收组协商确定。</td></tr>
</table>

表 1-14　单位工程观感质量检查记录

<table>
<tr><td colspan="2">工程名称</td><td></td><td>施工单位</td><td></td></tr>
<tr><td>序号</td><td colspan="2">项目</td><td>抽查质量状况</td><td>质量评价</td></tr>
<tr><td>1</td><td rowspan="10">建筑与结构</td><td>主体结构外观</td><td>共检查　点，好　点，一般　点，差　点</td><td></td></tr>
<tr><td>2</td><td>室外墙面</td><td>共检查　点，好　点，一般　点，差　点</td><td></td></tr>
<tr><td>3</td><td>变形缝、雨水管</td><td>共检查　点，好　点，一般　点，差　点</td><td></td></tr>
<tr><td>4</td><td>屋面</td><td>共检查　点，好　点，一般　点，差　点</td><td></td></tr>
<tr><td>5</td><td>室内墙面</td><td>共检查　点，好　点，一般　点，差　点</td><td></td></tr>
<tr><td>6</td><td>室内顶棚</td><td>共检查　点，好　点，一般　点，差　点</td><td></td></tr>
<tr><td>7</td><td>室内地面</td><td>共检查　点，好　点，一般　点，差　点</td><td></td></tr>
<tr><td>8</td><td>楼梯、踏步、护栏</td><td>共检查　点，好　点，一般　点，差　点</td><td></td></tr>
<tr><td>9</td><td>门窗</td><td>共检查　点，好　点，一般　点，差　点</td><td></td></tr>
<tr><td>10</td><td>雨罩、台阶、坡道、散水</td><td>共检查　点，好　点，一般　点，差　点</td><td></td></tr>
<tr><td></td><td></td><td></td><td></td><td></td></tr>
<tr><td colspan="2">给水排水与供暖</td><td colspan="3">略</td></tr>
<tr><td colspan="2">通风与空调</td><td colspan="3">略</td></tr>
<tr><td colspan="2">建筑电气</td><td colspan="3">略</td></tr>
<tr><td colspan="2">智能建筑</td><td colspan="3">略</td></tr>
<tr><td colspan="2">电梯</td><td colspan="3">略</td></tr>
<tr><td colspan="3">观感质量综合评价</td><td colspan="2"></td></tr>
<tr><td colspan="5">结论：

施工单位项目负责人：　　　　　　　　总监理工程师：
年　月　日　　　　　　　　年　月　日</td></tr>
<tr><td colspan="5">注：1. 对质量评价为差的项目应进行返修。
2. 观感质量现场检查原始记录应作为本表附件。</td></tr>
</table>

拓展训练

某教学楼工程，建筑总面积为 30 000 m^2，现浇钢筋混凝土框架结构，筏形基础。该工程位于市中心，场地狭小，开挖土方需运至指定地点。建设单位通过公开招标的方式选定了施工总承包单位和监理单位，其中机电设备安装工程分包给具有相应资质的某安装公司，均按规定签订了合同。

基础工程施工完成后，在施工总承包单位自检合格、总监理工程师签署“质量控制资料符合要求”的审查意见基础上，施工总承包单位项目经理组织施工单位质量部门负责人、监理工程师

进行了分部工程验收。

在第5层混凝土部分试块检测时发现强度达不到设计要求，但实体经有资质的检测单位检测鉴定，强度达到了要求。由于加强了预防和检查，没有再发生类似情况。该楼最终顺利完工，达到验收条件后，建设单位组织了竣工验收。

问题：

1. 建筑工程质量验收划分为哪几类？
2. 工序质量管理时重点工作有哪些？
3. 该基础工程验收是否妥当？说明理由。
4. 该机电设备安装分包工程验收的程序和组织是什么？
5. 第5层的质量问题是否需要处理？请说明理由。
6. 如果第5层混凝土强度经检测达不到要求，施工单位该如何处理？

拓展训练答案

育人案例

重庆西站"鲁班奖"工程

重庆西站（图1-2）是目前中国西南地区规模最大的铁路客运交通枢纽，位于沙坪坝区与九龙坡区之间，以铁路为主，集长途汽车、公交、轨道交通等多种交通方式于一体，为重庆市规划的"三主两辅"客运枢纽中的一主，设29个站台面、31条到发线、15个站台，站房最高聚集人数15 000人，也是渝贵、渝昆、兰渝、襄渝、川黔等干线铁路的始发终到站。

图1-2　重庆西站

鲁班奖工程创优策划

匠心建造，过程精品。重庆西站造型寓意"两江相聚潮头涌，豪迈云起耀明珠"，给人以晶莹剔透的美感。该站设计施工呈现以下三大亮点。

第一大亮点：采用全国唯一的大跨度组合拱桥支撑结构体系。重庆西站上拱受力跨度达到192 m，为了完美体现"明珠"形象，主体采用了双层墙体系，内墙起到了保温隔热防水功能，外墙用3 910块不同尺寸的曲面铝单板拼接而成。

第二大亮点：全国第一个使用清水混凝土雨篷。清水混凝土的运用不仅是新材料的引入，也是一系列新工艺的探索，更是高标准站房工程的重要标志。重庆西站8万平方米的雨篷采用无站台柱清水混凝土结构，一次浇筑成型，不需做任何外装饰，保障了结构固有的美感，安全性更高。

重庆西站申报鲁班奖工程视频汇报

第三大亮点：候车室内的商业休闲空间合理开发利用为全国之最。利用旅客进站楼梯，把夹层的商业平台延伸至进站楼梯顶板入口上端，让商业、

旅客休息空间在原基础上扩大了一倍。

重庆西站规模大、专业多、科技含量高，建设者在施工过程中始终坚持以标准化管理为依托、以精细化管理为抓手、以实践创新为助力，全力打造铁路站房精品。工程应用了建筑业10项新技术、自主创新技术13项，引入BIM建造技术、创新项目管理模式，是重庆市新技术应用示范工程。重庆西站先后荣获全国建筑业绿色施工示范工程、中国建筑工程装饰奖、中国建筑工程钢结构金奖、中国安装之星、重庆市巴渝杯优质工程、山西省汾水杯优质工程、山西省太行杯土木工程大奖等30余项奖项。

职业链接

一、单项选择题

1. 见证取样检测是检测试样在(　　)见证下，由施工单位有关人员现场取样，并委托检测机构所进行的检测。

A. 监理单位具有见证人员证书的人员　　B. 建设单位授权的具有见证人员证书的人员

C. 监理单位或建设单位具备见证资格的人员　　D. 设计单位项目负责人

2. 检验批的质量应按主控项目和(　　)验收。

A. 保证项目　　B. 一般项目　　C. 基本项目　　D. 允许偏差项目

3. 建筑工程质量验收应划分为单位(子单位)工程、分部(子分部)工程、分项工程和(　　)。

A. 验收部位　　B. 工序　　C. 检验批　　D. 专业验收

4. 分项工程可由(　　)检验批组成。

A. 若干个　　B. 不少于十个　　C. 不少于三个　　D. 不少于五个

5. 分部工程的验收应由(　　)组织。

A. 监理单位　　B. 建设单位　　C. 总监理工程师(建设单位项目负责人)　　D. 监理工程师

6. 单位工程的观感质量应由验收人员通过现场检查，并应(　　)确认。

A. 监理单位　　B. 施工单位　　C. 建设单位　　D. 共同

7. 工程质量控制资料应齐全完整，当部分资料缺失时，应委托有资质的检测机构按有关标准进行相应的(　　)。

A. 原材料检测　　B. 实体检测　　C. 抽样试验　　D. 实体检测或抽样试验

8. 建筑地面工程属于(　　)分部工程。

A. 建筑装饰　　B. 建筑装修　　C. 地面与楼面　　D. 建筑装饰装修

9. 门窗工程属于(　　)分部工程。

A. 建筑装饰　　B. 建筑装修　　C. 门窗　　D. 建筑装饰装修

二、多项选择题

1. 分项工程应按主要(　　)等进行划分。

A. 工种　　B. 材料　　C. 施工工艺　　D. 设备类别　　E. 楼层

2. 观感质量验收的检查方法有(　　)。

A. 观察　　B. 凭验收人员的经验　　C. 触摸　　D. 简单量测　　E. 科学仪器

3. 建筑工程的建筑与结构部分最多可划分为(　　)分部工程。

A. 地基与基础　　B. 主体结构　　C. 楼地面　　D. 建筑装饰装修　　E. 建筑屋面

4. 参加单位工程质量竣工验收的单位为(　　)等。

A. 建设单位　　B. 施工单位　　C. 勘察、设计单位　　D. 监理单位　　E. 材料供应单位

5. 检验批可根据施工及质量控制和专业验收需要按(　　)等进行划分。

A. 楼层　　B. 施工段　　C. 变形缝　　D. 专业性质　　E. 施工程序

三、案例题

1. 某市银行大厦是一座现代化的智能型建筑，建筑面积为50 000 m^2，施工总承包单位是该市第一建筑公司，由于该工程设备先进，要求高，因此，该公司将机电设备安装工程分包给具有相应资质的某合资安装公司。

问题：

(1)工程质量验收分为哪两类？

(2)该银行大厦主体和其他分部工程验收的程序和组织是什么？

(3)该机电设备安装分包工程验收的程序和组织是什么？

2. 某办公楼工程，建筑面积为18 500 m^2，现浇钢筋混凝土框架结构，筏形基础。该工程位于市中心，场地狭小，开挖土方需上运至指定地点，建设单位通过公开招标的方式选定了施工总承包单位和监理单位，并按规定签订了施工总承包合同和监理委托合同。

基础工程施工完成后，在施工总承包单位自检合格、总监理工程师签署“质量控制资料符合要求”的审查意见基础上，施工总承包单位项目经理组织施工单位质量部门负责人、监理工程师进行了分部工程验收。

问题：

(1)施工总承包单位项目经理组织基础工程验收是否妥当？说明理由。

(2)本工程地基基础分部工程验收还应包括哪些人员？

职业链接答案

项目二

地基与基础工程

学习目标

【知识目标】

1. 了解地基与基础工程施工质量控制要点；
2. 熟悉地基与基础工程施工验收标准、验收内容；
3. 掌握地基与基础工程验收方法。

【能力目标】

1. 能控制地基与基础工程的质量；
2. 能对地基与基础工程进行质量验收。

【素养目标】

1. 具备明辨是非的工程伦理精神；
2. 具备敬畏生命精神；
3. 具备实事求是的职业操守；
4. 具备及时解决问题的职业能力。

项目导学

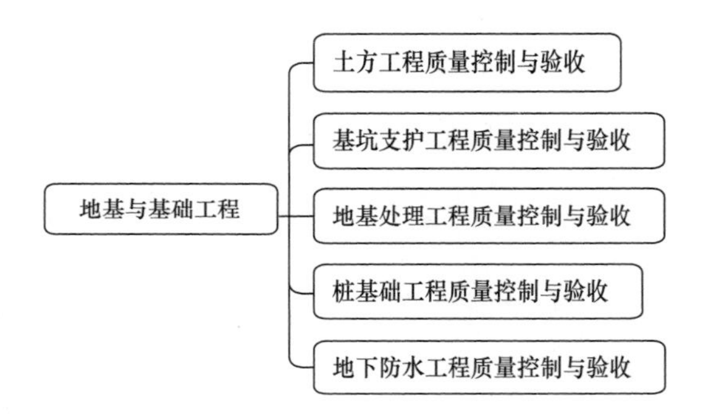

任务一　土方工程质量控制与验收

任务导入

工程实例中教学楼工程基槽开挖时，如发现地质条件与地质勘察报告不符或有软土层、人防工事等异常情况应通知设计、勘察单位研究处理。

当地下开挖到基础底标高时，施工单位应会同有关单位进行验槽，进一步查清地层构造，确定地基的实际地基承载力。

地下工程完成后应及时进行基坑回填。基础以上回填土应分层夯实，压实系数不小于0.95，回填土内有机物含量不大于5%。

任务：基槽开挖时，对土方工程进行质量控制，并填写土方工程检验批质量验收记录表。

知识储备

土方是地基与基础分部工程的子分部工程，共包括土方开挖、土方回填及场地平整三个分项工程。

土方工程施工前应进行挖、填方的平衡计算，综合考虑土方运距最短、运程合理和各个工程项目的合理施工程序等，做好土方平衡调配，减少重复挖运。土方平衡调配应尽可能与城市规划和农田水利相结合将余土一次性运到指定弃土场，做到文明施工。

当土方工程挖方较深时，施工单位应采取措施，防止基坑底部土的隆起并避免危害周边环境。在挖方前，应做好地面排水和降低地下水水位工作。

土方工程施工，应经常测量和校核其平面位置、水平标高和边坡坡度。平面控制桩和水准控制点应采取可靠的保护措施，定期复测和检查。土方不应堆在基坑边缘。对雨期和冬期施工还应遵守国家现行有关标准。

平整场地的表面坡度应符合设计要求，如设计无要求时，排水沟方向的坡度不应小于2‰。平整后的场地表面应逐点检查。检查点为每100～400 m^2取1点，但不应少于10点；长度、宽度和边坡均为每20 m取1点，每边不应少于1点。

一、土方开挖

施工前应检查支护结构质量、定位放线、排水和降低地下水水位系统，以及对周边影响范围内地下管线和建（构）筑物保护措施的落实，并应合理安排土方运输车的行走路线及弃土场。附近有重要保护设施的基坑，应在土方开挖前对围护体的止水性能通过预降水进行检验。

施工过程中应检查平面位置、水平标高、边坡坡率、压实度、排水系统、地下水控制系统、预留土墩、分层开挖厚度、支护结构的变形，并随时观测周围环境变化。

土方开挖工程质量控制与检验

施工结束后应检查平面几何尺寸、水平标高、边坡坡率、表面平整度和基底土性等。

临时性挖方工程的边坡坡率允许值见表2-1。

表 2-1　临时性挖方工程的边坡坡率允许值

序	土的类别		边坡坡率(高：宽)
1	砂土	不包括细砂、粉砂	1∶1.25～1∶1.50
2	黏性土	坚硬	1∶0.75～1∶1.00
		硬塑、可塑	1∶1.00～1∶1.25
		软塑	1∶50 或更缓
3	碎石土	充填坚硬黏土、硬塑黏土	1∶0.50～1∶1.00
		充填砂土	1∶1.00～1∶1.50

注：1. 本表适用于无支护措施的临时性挖方工程的边坡坡率。
2. 设计有要求时，应符合设计标准。
3. 本表适用于地下水水位以上的土层。采用降水或其他加固措施时，可不受本表限制，但应计算复核。
4. 一次开挖深度，软土不应超过 4 m，硬土不应超过 8 m。

土方开挖工程的质量检验标准见表 2-2～表 2-5。

表 2-2　柱基、基坑、基槽土方开挖工程的质量检验标准

项	序	项目	允许值或允许偏差		检查方法
			单位	数值	
主控项目	1	标高	mm	0 -50	水准测量
	2	长度、宽度(由设计中心线向两边量)	mm	+200 -50	全站仪或用钢尺量
	3	坡率	设计值		目测法或用坡度尺检查
一般项目	1	表面平整度	mm	±20	用 2 m 靠尺
	2	基底土性	设计要求		目测法或土样分析

表 2-3　挖方场地平整土方开挖工程的质量检验标准

项	序	项目	允许值或允许偏差			检查方法
			单位	数值		
主控项目	1	标高	mm	人工	±30	水准测量
				机械	±50	
	2	长度、宽度(由设计中心线向两边量)	mm	人工	+300 -100	全站仪或用钢尺量
				机械	+500 -150	
	3	坡率	设计值			目测法或用坡度尺检查
一般项目	1	表面平整度	mm	人工	±20	用 2 m 靠尺
				机械	±50	
	2	基底土性	设计要求			目测法或土样分析

表 2-4　管沟土方开挖工程的质量检验标准

项	序	项目	允许值或允许偏差		检查方法
			单位	数值	
主控项目	1	标高	mm	0 -50	水准测量
	2	长度、宽度(由设计中心线向两边量)	mm	+100 0	全站仪或用钢尺量
	3	坡率	设计值		目测法或用坡度尺检查
一般项目	1	表面平整度	mm	±20	用 2 m 靠尺
	2	基底土性	设计要求		目测法或土样分析

表 2-5　地(路)面基层土方开挖工程的质量检验标准

项	序	项目	允许值或允许偏差		检查方法
			单位	数值	
主控项目	1	标高	mm	0 -50	水准测量
	2	长度、宽度(由设计中心线向两边量)	设计值		全站仪或用钢尺量
	3	坡率	设计值		目测法或用坡度尺检查
一般项目	1	表面平整度	mm	±20	用 2 m 靠尺
	2	基底土性	设计要求		目测法或土样分析
注：地(路)面基层的偏差只适用于直接在挖、填方上做地(路)面的基层。					

二、土方回填

土方回填工程质量控制与检验

(1)施工前应检查基底的垃圾、树根等杂物清除情况，测量基底标高、边坡坡率，检查验收基础外墙防水层和保护层等。回填料应符合设计要求，并应确定回填料含水量控制范围、铺土厚度、压实遍数等施工参数。

(2)施工中应检查排水系统，每层填筑厚度、辗迹重叠程度、含水量控制、回填土有机质含量、压实系数等。回填施工的压实系数应满足设计要求。当采用分层回填时，应在下层的压实系数经试验合格后进行上层施工。填筑厚度及压实遍数应根据土质、压实系数及压实机具确定。无试验依据时，应符合表 2-6 的规定。

表 2-6　填土施工时的分层厚度及压实遍数

压实机具	分层厚度/mm	每层压实遍数
平碾	250～300	6～8
振动压实机	250～350	3～4
柴油打夯	200～250	3～4
人工打夯	<200	3～4

(3)施工结束后，应进行标高及压实系数检验。

(4)填方工程质量检验标准见表 2-7、表 2-8。

表 2-7　柱基、基坑、基槽、管沟、地(路)面基础层填方工程质量检验标准

项	序	项目	允许值或允许偏差		检查方法
			单位	数值	
主控项目	1	标高	mm	0 -50	水准测量
	2	分层压实系数	不小于设计值		环刀法、灌水法、灌砂法
一般项目	1	回填土料	设计要求		取样检查或直接鉴别
	2	分层厚度	设计值		水准测量及抽样检查
	3	含水量	最优含水量 ±2%		烘干法
	4	表面平整度	mm	±20	用 2 m 靠尺
	5	有机质含量	≤5%		灼烧减量法
	6	辗迹重叠长度	mm	500 ~ 1 000	用钢尺量

表 2-8　场地平整填方工程质量检验标准

项	序	项目	允许值或允许偏差			检查方法
			单位	数值		
主控项目	1	标高	mm	人工	±30	水准测量
				机械	±50	
	2	分层压实系数	不小于设计值			环刀法、灌水法、灌水法
一般项目	1	回填土料	设计要求			取样检查或直接鉴别
	2	分层厚度	设计值			水准测量及抽样检查
	3	含水量	最优含水量 ±4%			烘干法
	4	表面平整度	mm	人工	±20	用 2 m 靠尺
				机械	±30	
	5	有机质含量	≤5%			灼烧减量法
	6	辗迹重叠长度	mm	500 ~ 1 000		用钢尺量

任务实施

任务： 基槽开挖时，对土方工程进行质量控制，并填写土方工程检验批质量验收记录表 2-9、表 2-10。

表 2-9　土方开挖工程检验批质量验收记录

单位(子单位)工程名称		分部(子分部)工程名称		分项工程名称	
施工单位		项目负责人		检验批容量	
分包单位		分包单位项目负责人		检验批部位	
施工依据			验收依据		

续表

单位(子单位)工程名称			分部(子分部)工程名称		分项工程名称	
主控项目	验收项目		设计要求及规范规定	最小/实际抽样数量	检查记录	检查结果
	1			/		
				/		
				/		
				/		
				/		
	2			/		
				/		
				/		
				/		
	3			/		
施工单位检查结果	专业工长： 项目专业质量检查员： 年 月 日					
监理单位检查结果	专业监理工程师： 年 月 日					

表 2-10 土方回填工程检验批质量验收记录

单位(子单位)工程名称			分部(子分部)工程名称		分项工程名称	
施工单位			项目负责人		检验批容量	
分包单位			分包单位项目负责人		检验批部位	
施工依据				验收依据		
主控项目	验收项目		设计要求及规范规定	最小/实际抽样数量	检查记录	检查结果
	1			/		
				/		
				/		
				/		
				/		
	2			/		

续表

一般项目	1				/		
	2				/		
	3				/		
					/		
					/		
					/		
					/		
施工单位检查结果	专业工长： 项目专业质量检查员： 年　月　日						
监理单位检查结果	专业监理工程师： 年　月　日						

拓展训练

某建设项目地处闹市区，场地狭小。工程总建筑面积为30 000 m^2，其中地上建筑面积为25 000 m^2，地下室建筑面积为5 000 m^2，大楼分为裙楼和主楼，其中主楼28层，裙楼5层，地下2层，主楼高度为84 m，裙楼高度为24 m，全现浇钢筋混凝土框架－剪力墙结构。基础形式为筏形基础，基坑深度为15 m，地下水水位为－8 m，属于层间滞水。基坑东、北两面距离建筑围墙2 m，西、南两面距离交通主干道9 m。

土方施工时，先进行土方开挖。土方开挖采用机械一次挖至槽底标高，再进行基坑支护，基坑支护采用土钉墙支护，最后进行降水。

拓展训练答案

问题：

1. 本项目的土方开挖方案和基坑支护方案是否合理？为什么？
2. 本项目基坑先开挖后降水的方案是否合理？为什么？

育人案例

七宝生态商务区“12・29”土方坍塌较大事故

2018年12月29日8时51分左右，在新建的七宝生态商务区18～03地块商办项目工地，发生一起基坑内局部土方坍塌事故，造成3人死亡。

据上海市公布的《七宝生态商务区18～03地块商办项目“12・29”坍塌较大事故调查报告》中显示：事故发生前几天，监理和建设方多次在微信群中指出有坍塌风险，但并未做出有效的措施，导致悲剧发生。

12月25日15时24分，监理单位18～03地块项目部安全监理冯某洋在名称为“18～03地块安全、质量”的微信群中发布5号楼北边边坡的照片和“上下边坡落差那么大，有人安排怎么处理吗”的信息。

12月27日9时4分，总包单位18～03地块项目部安全员陈某骏在名称为“七宝万＊项目组群”

的微信群中发布照片和“钢筋棚南侧需放坡降低高度，材料堆放有坍塌风险”的信息。9 时 10 分，又发布照片和“基坑底部还有施工人员，需立即撤离人员采取措施”的信息。

12 月 27 日 9 时 5 分，安全监理冯某洋在“18～03 地块安全、质量”微信群内发布照片和文字信息“这个边坡上下 7、8 米高，下面的人在施工，有什么保证措施吗，一直在说，没人回答吗”。12 时 41 分，又发出“5 号楼暂时不挖土，先把临边做一下”的信息。

12 月 27 日上午，总包单位 18～03 地块项目部工程师童某龙向项目经理顾某祥指出存在坍塌风险，并同聚联公司现场负责人张某堂 3 人到现场查看情况。顾某祥安排人员移走部分堆放的钢筋、木方等材料。但没有设置警示标志，没有封闭作业现场。

12 月 28 日 13 时 18 分，建设单位人员顾某在名称为“18～03 万 * 施工群”的微信群中，对总包单位 18～03 地块项目部土建监理汤某锋讲“结合早上几张照片，现场几处底板工作面临坡处，控制好边土高度、放坡、警戒线等，保障好基坑施工的工友安全”。13 时 27 分，汤某锋回复“收到”。

从以上问题可以发现：仅在口头和微信群要求进行整改，对整改情况监督落实不力。

启示： 要具备明辨是非的工程伦理观，一定要依法依规、按程序办事，不能懒、不能拖，严肃认真，下发整改通知单，按相关规定落实职责。

现场勘察情况及专家技术分析意见：经对现场邻近部位未坍塌的土坡实测，未坍塌土坡高度约为 5 m，放坡宽度为 5 m，实际施工按 1∶1 放坡，且一坡到底，未分级放坡。

经查阅专项施工方案和相关图纸，专项施工方案由七建公司编制，并经金外滩公司、万筠公司审查通过。专项施工方案明确基坑分层开挖厚度不应大于 4 m，临时边坡坡度不大于 1∶1.5，当挖土高度大于 4 m 时应分级放坡，专家组认为该专项施工方案符合《基坑工程技术标准》(DG/TJ 08－61—2018)(以下简称技术标准)要求。

该专项施工方案明确基坑分层开挖厚度不大于 4 m，临时边坡坡度不大于 1∶1.5；当挖土高度大于 4 m 时应分级放坡。但现场实际勘察结果是土坡高度为 5 m，坡底进深为 5 m，坡比 1∶1，且一坡到底，未分级放坡。施工现场土方开挖未按专项施工方案要求组织施工。

综上所述，造成这起事故的直接技术原因是坑内临时边坡挖土作业未按照专项施工方案要求进行分级放坡，实际放坡坡度未达到技术标准要求，造成土体滑坡的事故发生，并导致 3 名作业人员死亡。

启示： 一定要按照专项施工方案施工，即不能偷工减料，要实事求是、敬畏生命。

任务二　基坑支护工程质量控制与验收

任务导入

某工程基坑大面积开挖平均深度为 2.7 m，拟建地下室开挖深度范围内，基坑深度小于 4.0 m，工程重要性等级及地基等级均为二级，基坑侧壁安全等级为三级。基坑底土层为素填土、冲填土，均为软土，土质松软，结构性差，强度低，加上地下潜水位较高，对基坑侧壁安全性构成威胁。

如果基坑围护和止水不当，将造成土体滑移、大面积蠕动、坑底隆起等，周边地面也会随着地下水的流失，而产生压缩沉降或裂缝，最终会由于基坑坡脚失稳导致坑壁坍塌，从而造成不可估计的经济损失。

为满足施工安全需要，保护已建成的临时施工道路、钢筋堆放场地和原始道路安全，不致发生路面下沉、基坑坍塌等事故，采用钢板桩支护。

任务：对钢板桩支护工程进行质量控制，并填写钢板桩支护工程检验批质量验收记录表。

知识储备

(1)基坑支护结构施工前应对放线尺寸进行校核，施工过程中应根据施工组织设计复核各项施工参数，施工完成后宜在一定养护期后进行质量验收。

(2)围护结构施工完成后的质量验收应在基坑开挖前进行，支锚结构的质量验收应在对应的分层土方开挖前进行，验收内容应包括质量和强度检验、构件的几何尺寸、位置偏差及平整度等。

(3)基坑在开挖过程中，应根据分区分层开挖情况及时对基坑开挖面的围护墙表观质量，支护结构的变形、渗漏水情况及支撑竖向支承构件的垂直度偏差等项目进行检查。

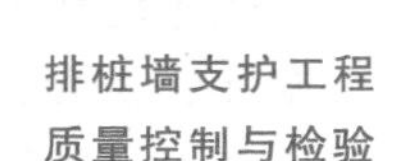

排桩墙支护工程质量控制与检验

(4)除强度或承载力等主控项目外，其他项目应按检验批抽取。

(5)基坑支护工程验收应以保证支护结构安全和周围环境安全为前提。

预制混凝土板桩围护墙的质量检验标准应符合表2-11。

表2-11　预制混凝土板桩围护墙质量检验标准

项	序	检查项目	允许偏差或允许值		检查方法
			单位	数值	
主控项目	1	桩长	不小于设计值		用钢尺量
	2	桩身弯曲度	mm	<0.1%L	用钢尺量
	3	桩身厚度	mm	+10 0	用钢尺量
	4	凹凸槽尺寸	mm	±3	用钢尺量
	5	桩顶标高	mm	±100	水准测量
一般项目	1	保护层厚度	mm	±5	用钢尺量
	2	横截面相对两面之差	mm	≤5	用钢尺量
	3	桩尖对桩轴线的位移	mm	≤10	用钢尺量
	4	沉桩垂直度	≤1/100		经纬仪测量
	5	轴线位置	mm	≤100	用钢尺量
	6	板缝间隙	mm	≤20	用钢尺量

任务实施

任务：对钢板桩支护工程进行质量控制，并填写排桩墙支护工程检验批质量验收记录表2-12。

表2-12　排桩墙支护工程检验批质量验收记录

单位(子单位)工程名称		分部(子分部)工程名称		分项工程名称	
施工单位		项目负责人		检验批容量	
分包单位		分包单位项目负责人		检验批部位	
施工依据			验收依据		

续表

	验收项目			设计要求及规范规定	最小/实际抽样数量	检查记录	检查结果
主控项目	1				/		
					/		
					/		
	2				/		
	3				/		
	4				/		
一般项目	1				/		
	2				/		
	3				/		
施工单位检查结果	专业工长： 项目专业质量检查员： 年 月 日						
监理（建设）单位验收结论	专业监理工程师： （建设单位项目专业技术负责人） 年 月 日						

拓展训练

某办公楼工程，建筑面积为82 000 m^2，地下3层，地上20层，钢筋混凝土框架－剪力墙结构，距临近6层住宅楼7 m，地基土层为粉质黏土和粉细砂，地下水为潜水。地下水水位为－9.5 m，自然地面为－0.5 m，基础为筏形基础，埋深为14.5 m，基础底板混凝土厚1 500 mm，水泥采用普通硅酸盐水泥，采取整体连续分层浇筑方式施工，基坑支护工程委托有资质的专业单位施工，降排的地下水用于现场机具、设备清洗，主体结构选择有相应资质的A劳务公司作为劳务分包，并签订了劳务分包合同。

基坑支护工程专业施工单位提出了基坑支护降水采用"排桩＋锚杆＋降水井"方案，施工总承包单位要求基坑支护降水方案进行比选后确定。

问题：

1. 适用于本工程的基坑支护降水方案还有哪些？
2. 降排的地下水还可用于施工现场哪些方面？

拓展训练答案

锚杆及土钉墙支护工程质量控制与检验

地下连续墙工程质量控制与检验

降水与排水工程质量控制与检验

金牛区万圣新居安置工程“2019・9・26”较大坍塌事故

2019年9月26日21时10分许，成都市金牛区天回街道万圣新居E地块4号商业楼西北侧基坑边坡突然发生局部坍塌，将正在绑扎基坑墩柱的两名工人和一名管理人员掩埋。事故造成1人当场死亡，2人经医院全力抢救，于9月27日凌晨相继死亡，事故共造成3人死亡。

1. 事故原因

4号商业楼基坑开挖放坡系数不足且未支护，基坑壁砂土在重力和外力作用下发生局部坍塌。

(1)基坑开挖放坡系数不足。经现场勘查，基坑深度约为4.05 m，按基坑设计及支护方案，该基坑采取放坡方式进行施工，设计规定放坡系数为1∶0.4，施工单位编制的《4号楼土方开挖专项施工方案》(以下简称《方案》)，确定基坑采用放坡系数为1∶1，分层开挖，实际该基坑9月23日机械一次开挖成型，放坡系数未达到规范要求。

(2)基坑壁土质不良且未支护。事故基坑壁局部为粉质砂土，9月23日机械开挖成型后暴露在空气中，连日晴天导致砂土中水分蒸发土层粘结力下降，同时基坑边缘距现场施工主车道距离过近，边坡承受荷载过大，基坑垮塌部位旁为小型绿化区未硬化封闭，对土质产生不利影响，加之边坡未支护，土层在重力和外力共同作用下发生局部坍塌。

2. 企业主要问题

(1)飞亨建筑公司。安全生产主体责任落实不到位，未按深基坑工程施工安全技术规范组织施工，是事故发生的主要原因。

1)编制《方案》未结合施工场地的实际，导致可操作性差。《方案》未考虑基坑西侧有降水井、施工电缆、配电柜等设施设备，1∶1放坡将无法实施的实际，而采取相应的技术保障措施。

2)擅自改变施工方案，开挖的基坑放坡不足且未支护。《方案》实施过程中，飞亨建筑公司未将《方案》不具操作性的问题及时反馈给项目部，也未与总承包单位进行沟通，擅自变更施工方案，未分层开挖和放坡。

3)风险辨识不到位，安全隐患整改不及时。对粉质砂土性状了解不足，机械开挖后未对土质结构进行分析研判，导致粉质砂土长时间暴露在空气中水分蒸发，粘结力下降。未及时落实9月25日监理单位节前检查时口头下达要求整改的指令。

(2)五冶集团一公司。深基坑专项施工技术方案与现场部分临建设施存在冲突，施工现场组织、协调、管理不到位，是事故发生的重要原因。

1)未落实上级要求。未将集团公司总经理办公会、集团公司《关于进一步加强国庆期间安全生产工作的通知》等一系列会议、文件精神落实到实际工作中，防风险、保安全、迎大庆工作开展不力，未按要求暂停危险性较大的分部分项工程施工。

2)对专项施工方案审查把关不严。2019年7月20日未结合施工现场实际情况，通过了飞亨建筑公司编制的《方案》审核，导致施工方案与施工现场实际情况不符，造成施工方案与施工现场“两张皮”现象。

3)施工现场组织、协调、管理不到位。2019年9月26日下午，建设单位主持召开监理例会，提出4号楼基坑护壁未支护存在安全隐患的整改要求，项目部未进行有效施工组织、协调，及时督促基坑分包单位采取管护措施，督促劳务分包单位停止加班施工。

(3)成化项管公司。专项施工方案审查把关不严和隐患整治督促不力，是事故发生的一般原因。

1)对专项施工方案审查把关不严。2019年7月28日未结合施工现场实际情况，通过万圣新

居项目部编制的《方案》审核，导致施工方案可操作性差。

2)施工现场隐患整治督促不力。虽然在2019年9月25日节前检查发现4号楼基坑开挖放坡不足且未支护的安全隐患、9月26日下午召开监理例会就4号楼基坑护壁未支护提出整改要求，但未下达整改指令有效督促施工单位进行隐患整改和向行业主管部门报告。

(4)金牛城投。督促施工单位整改基坑放坡不足且未支护的安全隐患不力，是事故发生的一般原因。虽然在9月25日的例行检查和9月26日的监理例会上两次口头提出施工单位对4号楼基坑安全隐患进行整改的要求，但未下发整改或停工指令，也未采取其他有效措施对整改落实情况进行监督。

3. 有关部门的主要问题

金牛区住建和交通局行业监管不到位，安全生产压力传递不到位。未对重大节日前工作做出安排部署，开展节前安全检查，及时传导安全压力。

经调查认定，金牛区万圣新居安置工程“2019·9·26”事故是一起生产安全责任事故，事故等级为较大事故。

启示：要增强现场管理人员责任意识和业务技能，要具备明辨是非的工程伦理观。各单位之间要充分沟通、协调配合，及时纠正违章指挥、违规作业、违反劳动纪律行为。

任务三　地基处理工程质量控制与验收

任务导入

某项目建筑面积地上为130 000 m^2，地下为56 000 m^2，由五幢高级公寓组成。场地面积约为45 000 m^2，基坑开挖面积约为25 000 m^2，基坑西侧为总包单位现场办公用房，东侧场地狭小，准备进行基坑土方开挖施工。

在勘探深度范围内，共分布3层地下水：第一层为上层滞水，初见水位标高为27.61～31.21 m，静止水位标高为27.91～31.61 m；第二层为层间水，初见水位标高为24.40～25.91 m，静止水位标高为24.65～27.09 m；第三层为承压水，初见水位标高为9.09～12.46 m，静止水位标高为21.44～22.39 m。历史最高地下水水位绝对标高在36.00 m左右(1959年)，近3～5年最高地下水水位标高为35.00 m，地下水对混凝土无腐蚀性。

采用水泥粉煤灰碎石桩(CFG桩)进行地基处理，工期为55天。因此，施工中要周密组织、合理安排，才能如期完成施工任务。

任务：水泥粉煤灰碎石桩的施工对工期影响较大，对其质量要严格控制，并填写水泥粉煤灰碎石桩检验批质量验收记录表。

知识储备

施工前应对入场的水泥、粉煤灰、砂及碎石等原材料进行检验。施工中应检查桩身混合料的配合比、坍落度和成孔深度、混合料充盈系数等。施工结束后，应对桩体质量、单桩及复合地基承载力进行检验。

水泥粉煤灰碎石桩复合地基的质量检验标准见表2-13。

表 2-13　水泥粉煤灰碎石桩复合地基质量检验标准

项	序	检查项目	允许偏差或允许值		检查方法
			单位	数值	
主控项目	1	复合地基承载力	不小于设计值		静载试验
	2	单桩承载力	不小于设计值		静载试验
	3	桩长	不小于设计值		测桩管长度或用测绳测孔深
	4	桩径	mm	+50 0	用钢尺量
	5	桩身完整性	—		低应变检测
	6	桩身强度	不小于设计要求		28 d 试块强度
一般项目	1	桩位	条基边桩沿轴线	≤1/4D	全站仪或用钢尺量
			垂直轴线	≤1/6D	
			其他情况	≤2/5D	
	2	桩顶标高	mm	±200	水准测量，最上部 500 mm 劣质桩体不计入
	3	桩垂直度	≤1/100		经纬仪测桩管
	4	混合料坍落度	mm	160～220	坍落度仪
	5	混合料充盈系数	≥1.0		实际灌注量与理论灌注量的比
	6	褥垫层夯填度	≤0.9		水准测量

水泥粉煤灰碎石桩复合地基质量控制与检验

任务实施

任务： 水泥粉煤灰碎石桩的施工对工期影响较大，对其质量要严格控制，并填写水泥粉煤灰碎石桩检验批质量验收记录表 2-14。

表 2-14　水泥粉煤灰碎石桩检验批质量验收记录

单位(子单位)工程名称			分部(子分部)工程名称		分项工程名称	
施工单位			项目负责人		检验批容量	
分包单位			分包单位项目负责人		检验批部位	
施工依据				验收依据		
	验收项目		设计要求及规范规定	最小/实际抽样数量	检查记录	检查结果
主控项目	1			/		
	2			/		
	3			/		
	4			/		

续表

一般项目	1			/		
	2			/		
	3			/		
施工单位 检查结果	专业工长： 项目专业质量检查员： 年　月　日					
监理（建设）单位 验收结论	专业监理工程师： （建设单位项目专业技术负责人） 年　月　日					

拓展训练

某建筑工程建筑面积为 180 000 m^2，现浇混凝土结构，筏形基础。地下 2 层，地上 15 层，基础埋深为 10.5 m。工程所在地区地下水水位于基底标高以上，从南流向北，施工单位的降水方案是在基坑南边布置单排轻型井点。基坑开挖到设计标高以后，施工单位和监理单位对基坑进行验槽，并对基坑进行了钎探，发现地基西北角约有 300 m^2 的软土区，监理工程师随即指令施工单位进行换填处理，换填级配碎石。

问题：

1. 施工单位和监理单位两家共同进行工程验槽的做法是否妥当？请说明理由。
2. 发现基坑底软土区后，进行基底处理的工作程序是怎样的？
3. 上述描述中，有哪些是不符合规定的，正确的做法应该是什么？

拓展训练答案

灰土地基质量控制与检验

砂和砂石地基质量控制与检验

粉煤灰地基质量控制与检验

强夯地基质量控制与检验

注浆地基质量控制与检验

水泥土搅拌桩地基质量控制与检验收

南京南站 CFG 桩工程 QC 攻关

南京南站是以京沪高速铁路为主体的高速站，同时沪汉蓉快速通道、宁杭城际、宁安城际和沪宁城际四条高等级铁路都在南京南站引入引出，由此构成了我国为数不多的高等级铁路大型枢纽站。

本标段地基处理形式为 CFG 桩基加固。其中京沪场全线均为 CFG 桩加固，沪汉蓉场和宁安场局部软地基采取 CFG 桩加固。为了防止 CFG 桩超灌，CFG 桩桩顶标高的控制成为控制的重点和难点，特成立 QC 小组进行攻关活动。

1. 选题理由

(1) CFG 桩施工为本标段主要工程量，是本标段的施工重点。

(2) CFG 桩顶标高不易控制，很容易造成超灌，浪费混凝土。前期项目部对标高控制认识不足，已造成桩超灌现象严重，为后续桩帽施工增加了难度，同时加大了工程成本。

(3) 公司要求控制桩顶标高，严格控制成本，力争创“优质工程”。

2. 攻关效果

(1) 直接效果。自成立 QC 小组之后，通过组员们的现场调查及制定对策，现已施工的 CFG 桩桩顶标高控制效果良好。经现场评定，桩顶标高控制合格率为 95%，已达到 QC 小组制定的活动目标。

(2) 经济效益。通过本次 QC 小组活动，有效控制了 CFG 桩的桩顶标高，杜绝了严重的超灌现象，按每根桩 70 cm 高的混凝土柱计算，总共为项目部节省了近 945 000 元费用。同时为后续桩帽施工提供了便利。

(3) 社会效益。桩顶标高控制较好，桩头施工质量良好，整齐划一；并节约了大量原材料，对创建节约型社会，减少资源消耗等方面有明显贡献。

(4) 技术效益。在 CFG 桩灌注时不再凭经验施工，保证了桩顶标高，使桩帽施工的质量有了进一步的保证，在技术标准化方面有一定贡献。

(5) 其他效益。通过 CFG 桩超灌控制，节约了工期，对下一道工序的工期保证和全线工期的保证有一定贡献。

启示：利用科学的管理方法和专业的理论知识，能够解决工程实际问题，并且能够带来经济效益、社会效益和环境效益。作为未来的工程人，应该用心学好专业课，促进社会和谐。

任务四　桩基础工程质量控制与验收

任务导入

工程实例中教学楼基础形式为静压（或锤击）预应力混凝土管桩基础，在桩基础施工前要编制合理的专项施工方案，对采用静压法还是锤击法要进行专业的对比分析，但无论是哪种方法，都要确定出对应的主控项目和一般项目，做好质量控制。

任务：基础施工时，对其质量进行控制，并填写静力预制桩工程检验批质量验收记录表。

知识储备

扩展基础、筏形与箱形基础、沉井与沉箱施工前应对放线尺寸进行复核；桩基工程施工前应对放好的轴线和桩位进行复核。群桩桩位的放样允许偏差为20 mm，单排桩桩位的放样允许偏差为10 mm。

桩基础一般规定

预制(钢桩)的桩位偏差应符合表2-15的规定。斜桩倾斜度的偏差应为倾斜角正切值的15%。

表2-15　预制桩(钢桩)桩位的允许偏差

项	检查项目	允许偏差/mm	
1	带有基础梁的桩	垂直基础梁的中心线	≤100+0.01H
		沿基础梁的中心线	≤150+0.01H
2	承台桩	桩数为1～3根桩基中的桩	≤100+0.01H
		桩数大于或等于4根桩基中的桩	≤1/2桩径+0.01H或1/2边长+0.01H
注：H为桩基施工面至设计桩顶的距离(mm)。			

工程桩应进行承载力和桩身完整性检验。

设计等级为甲级或地质条件复杂时，应采用静载试验的方法对桩基承载力进行检验，检验桩数不应少于总桩数的1%，且不应少于3根，当总桩数少于50根时，不应少于2根。在有经验和对比资料的地区，设计等级为乙级、丙级的桩基可采用高应变法对桩基进行竖向抗压承载力检测，检测数量不应少于总桩数的5%，且不应少于10根。

工程桩的桩身完整性的抽检数量不应少于总桩数的20%，且不应少于10根。每根柱子承台下的桩抽检数量不应少于1根。

钢筋混凝土预制桩施工前应检验成品桩构造尺寸及外观质量。施工中应检验接桩质量、锤击及静压的技术指标、垂直度以及桩顶标高等。施工结束后应对承载力及桩身完整性等进行检验。

静力压桩质量控制与检验

钢筋混凝土预制桩质量检验标准应符合表2-16、表2-17的规定。

表2-16　锤击预制桩质量检验标准

项	序	检查项目	允许偏差或允许值		检查方法
			单位	数值	
主控项目	1	承载力	不小于设计值		静载试验、高应变法等
	2	桩身完整性	—		低应变法
一般项目	1	成品桩质量	表面平整，颜色均匀，掉角深度<10 mm，蜂窝面积小于总面积的0.5%		查产品合格证
	2	桩位	应符合表2-15要求		全站仪或用钢尺量
	3	电焊条质量	设计要求		查产品合格证
	4	接桩：焊缝质量	按规范要求		按规范要求
		电焊结束后停歇时间	min	≥8(3)	用表计时
		上下节平面偏差	mm	≤10	用钢尺量
		节点弯曲矢高	同桩体弯曲要求		用钢尺量

续表

项	序	检查项目	允许偏差或允许值		检查方法
			单位	数值	
一般项目	5	收锤标准	设计要求		用钢尺量或查沉桩记录
	6	桩顶标高	mm	±50	水准测量
	7	垂直度	≤1/100		经纬仪测量
注：括号中为采用二氧化碳气体保护焊时的数值。					

表 2-17　静力预制桩质量检验标准

项	序	检查项目	允许偏差或允许值		检查方法
			单位	数值	
主控项目	1	承载力	不小于设计值		静载试验、高应变法等
	2	桩身完整性	—		低应变法
一般项目	1	成品桩质量	表面平整，颜色均匀，掉角深度＜10 mm，蜂窝面积小于总面积的0.5%		查产品合格证
	2	桩位	应符合表2-15要求		全站仪或用钢尺量
	3	电焊条质量	设计要求		查产品合格证
	4	接桩：焊缝质量	按规范要求		按规范要求
		电焊结束后停歇时间	min	≥6(3)	用表计时
		上下节平面偏差	mm	≤10	用钢尺量
		节点弯曲矢高	同桩体弯曲要求		用钢尺量
	5	终压标准	设计要求		现场实测或查沉桩记录
	6	桩顶标高	mm	±50	水准测量
	7	垂直度	≤1/100		经纬仪测量
	8	混凝土灌芯	设计要求		查灌注量
注：电焊结束后停歇时间项括号中为采用二氧化碳气体保护焊时的数值。					

预制桩的质量检验

任务实施

任务：基础施工时，对其质量进行控制，并填写静力预制桩工程检验批质量验收记录表2-18。

表 2-18　静力预制桩工程检验批质量验收记录

单位(子单位)工程名称		分部(子分部)工程名称		分项工程名称	
施工单位		项目负责人		检验批容量	

续表

分包单位			分包单位项目负责人		检验批部位	1
施工依据				验收依据		
主控项目	验收项目		设计要求及规范规定	最小/实际抽样数量	检查记录	检查结果
	1			/		
	2			/		
	3			/		
一般项目	1			/		
	2			/		
	3			/		
				/		
				/		
				/		
	4			/		
	5			/		
	6			/		
				/		
	7			/		
施工单位检查结果	专业工长： 项目专业质量检查员： 年 月 日					
监理（建设）单位验收结论	专业监理工程师： （建设单位项目专业技术负责人） 年 月 日					

拓展训练

某市一制品厂新建56 000 m^2钢结构厂房，其中，Ⓐ至Ⓑ轴为额外二层框架结构的办公楼，基础为桩承台基础，一层地面为C20厚150 mm混凝土。2018年开工，2019年竣工。施工图中设计有15处预应力混凝土管桩基础，在施工后，现场检查发现如下事件：

事件一：有5根桩深度不够。

事件二：有3根桩桩身断裂。

另施工图B处还设计有桩承台基础，放线人员由于看图不细，承台基础超挖0.5 m；由于基坑和地面回填土不密实，致使地面沉降开裂严重。

拓展训练答案

问题：

1. 简述事件一质量问题发生的原因及预防措施。
2. 简述事件二质量问题发生的原因及预防措施。

3. 超挖部分是否需要处理？如何处理？

4. 回填土不密实的现象、原因及防治方法是什么？

混凝土灌注桩质量控制与检验

育人案例

广州恒大中心项目国内房建最深基坑

2020年7月23日，随着最后一个工程桩钢筋笼顺利下放，35根超大工程桩历时237天全部完成，标志着项目桩基础施工节点顺利完成，进入基坑内支撑及土石方开挖阶段。

恒大中心项目位于深圳市南山区深圳湾超级总部基地，拟建71层超高层建筑，基坑开挖深度为42.35 m，是国内房建最深基坑项目。

恒大中心项目场地地质条件复杂，地表下存在1.5～5.5 m厚的淤泥层，以及约10 m厚的填石层。项目要在如此复杂的土地上打下直径3 m、最长长度40 m、最深孔深82 m的35根工程桩。

1. 项目施工特点

(1)旋挖机护筒埋设工艺。采用旋挖机回转下放护筒，配合筒内掏土的施工工艺，护筒长度穿过淤泥层达到稳定土层下0.5 m，成功解决复杂地质护筒下放困难及塌孔问题。

(2)双机联动成孔工艺。旋挖机进行土层钻进，全液压反循环凿岩钻机进行岩层钻进，双机联动、对症下药，质量与效率全保证。

(3)超大钢筋笼双机抬吊技术。采用180 T＋75 T履带式起重机，双机抬吊、空中回直，有效解决钢筋笼质量重，吊装困难的问题。

(4)超长钢筋笼分节吊装技术。实桩钢筋笼长32 m以下一次制作成型、吊装，超过32 m的钢筋笼分节制作，孔口对接、整体下放，确保超大钢筋笼安全吊装。

(5)大体积水下混凝土浇筑技术。首灌采用两台泵车并排直卸的浇筑方式，导管深入水下50 m～80 m，离孔底30～50 cm，自下而上、一次成型。

2. 项目施工亮点

恒大中心项目先后投入使用10台旋挖机、1台成槽机、3台铣槽机、5台全液压反循环凿岩钻机、5台履带式起重机。

项目装备了全球最大吨位大型施工机械设备徐工XR800E旋挖机，助力钻进超硬岩层。在桩基直径大、入岩深的施工情况下，为满足成孔垂直度，项目引进了全液压反循环凿岩钻机。工程桩钢筋笼吊放采用双机抬吊，180 T履带式起重机作为主吊，75 T履带式起重机作为副吊，双机配合，有效保障吊装的安全性。

启示：之所以完成了这个高难度的工程，主要是有一个能攻坚善作战的金牌团队，坚守岗位，科技攻关，独具匠心。另外，还体现出“工欲善其事，必先利其器”的道理。

任务五　地下防水工程质量控制与验收

任务导入

工程实例中教学楼工程室内地面做法详见表2-19。

表2-19　地面构造表

地面1： 地面砖采暖地面	1. 彩色釉面砖10 mm厚，干水泥擦缝 2. 1∶3干硬性水泥砂浆结合层20 mm厚，表面撒水泥粉 3. 刷水泥浆一道(内掺建筑胶) 4. 细石混凝土60 mm厚(上下配ϕ3@50钢丝网片，中间配散热管) 5. 真空镀铝聚酯薄膜0.2 mm厚 6. 聚苯乙烯泡沫板20 mm厚 7. 聚合物水泥防水涂料三遍2 mm厚 8. 1∶3水泥砂浆找平层20 mm厚 9. C15混凝土垫层100 mm厚 10. 素土夯实	使用部位	走廊 公共空间
地面2： 地面砖地面	1. 地面砖20 mm厚，水泥浆擦缝 2. 1∶3干硬性水泥砂浆结合层20 mm厚，表面撒水泥粉 3. 刷水泥浆一道(内掺建筑胶) 4. 细石混凝土80 mm厚(内配ϕ6钢筋双向@200) 5. 阻燃型挤塑聚苯乙烯保温板30 mm厚 6. 1∶3水泥砂浆找平层20 mm厚 7. C15混凝土垫层100 mm厚 8. 素土夯实	使用部位	教室
地面3： 防滑地砖 (防水)地面	1. 高级防滑地砖铺面5 mm厚，干水泥浆擦缝 2. 1∶3干硬性水泥砂浆结合层20 mm厚，表面撒水泥粉 3. 聚合物水泥防水涂料三遍2 mm厚 4. C20细石混凝土找坡最薄处20 mm厚，$i=0.5\%$坡向地漏 5. 1∶3水泥砂浆找平20 mm厚，四周抹小八字角 6. 刷素水泥浆一道 7. 细石混凝土80 mm厚(内配ϕ6钢筋双向@200) 8. 阻燃型挤塑聚苯乙烯保温板30 mm厚 9. 1∶3水泥砂浆找平层20 mm厚 10. C15混凝土垫层100 mm厚 11. 素土夯实	使用部位	卫生间

任务：地下工程施工时，要做好地下防水工程的质量控制，并填写涂料防水层检验批质量验收记录表。

知识储备

(1)涂料防水层适用于受侵蚀性介质作用或受震动作用的地下工程；有机防水涂料宜用于主体结构的迎水面，无机防水涂料宜用于主体结构的迎水面或背水面。

(2)有机防水涂料应采用反应型、水乳型、聚合物水泥等涂料；无机防水涂料应采用掺外加剂、掺合料的水泥基防水涂料或水泥基渗透结晶型防水涂料。

(3)有机防水涂料基面应干燥。当基面较潮湿时，应涂刷湿固化型胶结剂或潮湿界面隔离剂；无机防水涂料施工前，基面应充分润湿，但不得有明水。

(4)涂料防水层的施工应符合下列规定：

1)多组分涂料应按配合比准确计量，搅拌均匀，并应根据有效时间确定每次配制的用量。

2)涂料应分层涂刷或喷涂，涂层应均匀，涂刷应待前遍涂层干燥成膜后进行；每遍涂刷时应交替改变涂层的涂刷方向，同层涂膜的先后搭压宽度宜为30～50 mm。

3)涂料防水层的甩槎处接缝宽度不应小于100 mm，接涂前应将其甩槎表面处理干净；

4)采用有机防水涂料时，基层阴阳角处应做成圆弧；在转角处、变形缝、施工缝、穿墙管等部位应增加胎体增强材料和增涂防水涂料，宽度不应小于50 mm。

5)胎体增强材料的搭接宽度不应小于100 mm，上下两层和相邻两幅胎体的接缝应错开1/3幅宽，且上下两层胎体不得相互垂直铺贴。

(5)涂料防水层完工并经验收合格后应及时做保护层。保护层应符合下列规定：

1)顶板的细石混凝土保护层与防水层之间宜设置隔离层。细石混凝土保护层厚度：机械回填时不宜小于70 mm，人工回填时不宜小于50 mm。

2)底板的细石混凝土保护层厚度不应小于50 mm。

3)侧墙宜采用软质保护材料或铺抹20 mm厚1∶2.5水泥砂浆。

涂料防水层的质量检验标准见表2-20。

表2-20　涂料防水层质量检验标准

项	序	检查项目	质量要求	检查方法	检查数量
主控项目	1	材料、配合比	必须符合设计要求	检查产品合格证、产品性能检测报告、计量措施和材料进场检验报告	按涂层面积每100 m^2抽查1处，每处10 m^2，且不得少于3处
	2	厚度	平均厚度应符合设计要求，最小厚度不得低于设计厚度的90%	用针测法检查	
	3	细部做法	涂料防水层在转角处、变形缝、施工缝、穿墙管等部位做法必须符合设计要求	观察检查和检查隐蔽工程验收记录	
一般项目	1	防水层与基层粘结	涂料防水层应与基层粘结牢固、涂刷均匀，不得流淌、鼓泡、露槎	观察检查	按涂层面积每100 m^2抽查1处，每处10 m^2，且不得少于3处
	2	胎体增强材料	涂层间夹铺胎体增强材料时，应使防水涂料浸透胎体覆盖完全，不得有胎体外露现象	观察检查	
	3	保护层	侧墙涂料防水层的保护层与防水层应结合紧密，保护层厚度应符合设计要求	观察检查	

任务实施

任务： 地下工程施工时，要做好地下防水工程的质量控制，并填写涂料防水层检验批质量验收记录表 2-21。

表 2-21 涂料防水层工程检验批质量验收记录

<table>
<tr><td colspan="2">单位(子单位)工程名称</td><td></td><td>分部(子分部)工程名称</td><td></td><td>分项工程名称</td><td></td></tr>
<tr><td colspan="2">施工单位</td><td></td><td>项目负责人</td><td></td><td>检验批容量</td><td></td></tr>
<tr><td colspan="2">分包单位</td><td></td><td>分包单位项目负责人</td><td></td><td>检验批部位</td><td></td></tr>
<tr><td colspan="2">施工依据</td><td colspan="2"></td><td>验收依据</td><td colspan="2"></td></tr>
<tr><td rowspan="3">主控项目</td><td colspan="2">验收项目</td><td>设计要求及规范规定</td><td>最小/实际抽样数量</td><td>检查记录</td><td>检查结果</td></tr>
<tr><td>1</td><td></td><td></td><td>/</td><td></td><td></td></tr>
<tr><td>2</td><td></td><td></td><td>/</td><td></td><td></td></tr>
<tr><td rowspan="5">一般项目</td><td>1</td><td></td><td></td><td>/</td><td></td><td></td></tr>
<tr><td>2</td><td></td><td></td><td>/</td><td></td><td></td></tr>
<tr><td>3</td><td></td><td></td><td>/</td><td></td><td></td></tr>
<tr><td>4</td><td></td><td></td><td>/</td><td></td><td></td></tr>
<tr><td>5</td><td></td><td></td><td>/</td><td></td><td></td></tr>
<tr><td colspan="2">施工单位
检查结果</td><td colspan="5">专业工长：
项目专业质量检查员：
年　月　日</td></tr>
<tr><td colspan="2">监理(建设)单位
验收结论</td><td colspan="5">专业监理工程师：
(建设单位项目专业技术负责人)
年　月　日</td></tr>
</table>

拓展训练

某办公楼工程，建筑面积为 82 000 m^2，地下 3 层，地上 20 层，钢筋混凝土框架－剪力墙结构，距临近 6 层住宅楼 7 m，地基土层为粉质黏土和粉细砂，地下水为潜水。地下水水位为 −9.5 m，自然地面 −0.5 m，基础为筏形基础，埋深为 14.5 m，基础底板混凝土厚 1 500 mm，水泥采用普通硅酸盐水泥，采取整体连续分层浇筑方式施工，基坑支护工程委托有资质的专业单位施工，降排的地下水用于现场机具、设备清洗，主体结构选择有相应资质的 A 劳务公司作为劳务分包，并签订了劳务分包合同。

建筑防水施工中发现地下水外壁防水混凝土施工缝有多处出现渗漏水。

问题： 试述建筑防水施工中质量问题产生的原因和治理方法。

拓展训练答案

防水混凝土工程
质量控制与检验

水泥砂浆防水层
质量控制与检验

卷材防水层
质量控制与检验

育人案例

保障性安居工程地下室外墙防水 QC 攻关

本工程为温州市吴桥路保障性安居工程，位于温瑞塘河以东，南临葡萄棚路，西临国脉住宅小区，东临国税局办公大楼，北边临河。工程总占地面积达 6 195.50 m^2，总建筑面积为 25 417.68 m^2，其中地下室为一层，建筑面积为 4 536.80 m^2，地上 27 层为住宅，总面积为 20 880.88 m^2。建筑主体高度为 79.10 m，剪力墙结构，基础为混凝土灌注桩基础 + 筏形基础，地下室外墙防水为 4 mm 厚 SBS 防水卷材，由于地下室外墙面积较大，且外墙防水卷材为垂直粘贴，造成地下室防水施工难度较大，极易出现渗漏质量通病。

为实现本工程的目标，项目部于 2017 年 6 月 12 日组建了温州城建集团吴桥路保障性安居工程 QC 小组，对本工程地下室 SBS 防水卷材进行攻关活动。

1. 选题理由

(1)本工程的质量目标为确保“瓯江杯”优质工程，争创“钱江杯”优质工程。因为本工程为保障性安居工程，其防水施工质量直接影响到本工程的质量目标的实现。

(2)发现 SBS 防水卷材的施工出现卷材搭接不合格、卷材与基层粘结不牢固，空鼓等质量缺陷，返工率较高，增加了项目成本，影响施工进度。

(3)经调查，项目部以前施工的同类防水卷材一次施工合格率均仅达到 81.05%，合格率较低，返工率较高，影响项目部创优目标的实现。

(4)SBS 防水卷材特点是施工灵活方便，粘结性能优异、牢固，较强的愈合能力，抗“零”开裂性能优异，安全环保。其是一种较为常用的防水卷材，总结出一套较为完整和成熟的施工的综合指导文件，是一个企业实力和品牌的象征。

2. 攻关效果

(1)直接效果。2017 年 7 月 31 日—2017 年 8 月 5 日，针对本工程应用 QC 成果方法施工的地下室外墙 SBS 防水卷材施工质量进行全面检查统计，共抽取 150 点，地下室外墙防水工程一次验收合格率达到了 92%，不合格点仅为 12 点。一次性合格率有很大的改观，达到本小组活动的预期效果。

(2)经济效果。经公司财务部门确认，通过本次 QC 小组的活动，有效地提高了地下室外墙防水工程一次验收合格率，减少返工修补的费用及修补的时间。

(3)无形效果。通过本次 QC 活动实施，以较少的投入改进了工艺，不仅完善了新技术新工艺中 SBS 防水卷材垂直铺贴施工工艺，有效地控制了防水卷材铺贴的施工质量，使工程质量上了一个新台阶。提高了公司在温州市场的良好形象。

启示：要敢于发现问题，善于解决问题，通过科学方法和专业知识，解决工程实际问题。科技的攻关不但能够为企业节约成本，更能提供企业的社会形象。

职业链接

一、单项选择题

1. 新建、扩建的民用建筑工程设计前，必须进行建筑场地中(　　)的测定，并提供相应的检测报告。

A. CO_2 浓度　　B. 有机杂质含量　　C. 氡浓度　　D. TVOC

2. 工程竣工验收时，沉降(　　)达到稳定标准的，沉降观测应继续进行。

A. 没有　　B. 已经　　C. 120%　　D. 150%

3. 压实系数采用环刀抽样时，取样点应位于每层(　　)的深度处。

A. 1/3　　B. 2/3　　C. 1/2　　D. 3/4

4. 人工挖孔桩应逐孔进行终孔验收，终孔验收的重点是(　　)。

A. 挖孔的深度　　B. 孔底的形状　　C. 持力层的岩土特征　　D. 沉渣厚度

5. 对由地基基础设计为甲级或地质条件复杂，成桩质量可靠性低的灌注桩应采用(　　)进行承载力检测。

A. 静载荷试验方法　　B. 高应变动力测试方法

C. 低应变动力测试方法　　D. 自平衡测试方法

6. 当被验收的地下水工程有结露现象时，(　　)进行渗漏水检测。

A. 禁止　　B. 不宜　　C. 应　　D. 必须

7. 混凝土后浇带应采用(　　)混凝土。

A. 强度等于两侧的　　B. 缓凝　　C. 补偿收缩　　D. 早期强度高的

8. 混凝土预制桩采用电焊接头时，电焊结束后停歇时间应大于(　　)min。

A. 1　　B. 2　　C. 3　　D. 4

9. 灌注桩的主筋混凝土保护层厚度不应小于(　　)mm，水下灌注混凝土不得小于70mm。

A. 20　　B. 35　　C. 50　　D. 60

10. 地下连续墙质量验收时，垂直度和(　　)是主控项目。

A. 导墙尺寸　　B. 沉渣厚度　　C. 墙体混凝土强度　　D. 平整度

二、多项选择题

1. 砂石地基施工过程中应检查(　　)。

A. 地基承载力　　B. 配合比　　C. 压实系数　　D. 分层厚度　　E. 砂石的密度

2. 水泥土搅拌桩复合地基质量验收时，(　　)抽查必须全部符合要求。

A. 水泥及外掺挤质量　　B. 桩体强度　　C. 水泥用量　　D. 提升速度　　E. 桩体的密度

3. 混凝土灌注桩质量检验批的主控项目为(　　)。

A. 桩位和孔深　　B. 混凝土强度　　C. 桩体质量检验　　D. 承载力　　E. 垂直度

4. 采用硫黄胶泥接桩时，应做到(　　)。

A. 胶泥浇注时间 <2 min　　B. 胶泥浇注时间 <4 min　　C. 浇筑后停歇时间 >7 min

D. 浇注后停歇时间 >20 min　　E. 胶泥要有一定的延性

5. 减少沉桩挤土效应，可采用的措施有(　　)。

A. 预钻孔　　B. 设置袋装砂井　　C. 限制打桩速率

D. 开挖地面防震沟　　E. 减少地下水水位

三、案例题

1. 某办公楼工程，建筑面积为18 500 m^2，现浇钢筋混凝土框架结构，筏形基础。该工程位于市中心，场地狭小，开挖土方需上运至指定地点，建设单位通过公开招标方式选定了施工总承包单位和监理单位，并按规定签订了施工总承包合同和监理委托合同。

合同在履行过程中，施工总承包依据基础形式、工程规模、现场和机具设备条件及土方机械的特点，选择了挖土机、推土机、自卸汽车等土方施工机械，编制了土方施工方案。

问题：事件中施工总承包单位选择土方施工机械的依据还应有哪些？

2. 某工程地下水1层，地下建筑面积为4 000 m^2，场地面积为14 000 m^2。基坑采用土钉墙支护，于5月份完成了土方作业，制定了雨期施工方案。

计划雨期主要施工部位：基础SBS改性沥青卷材防水工程、基础底板钢筋混凝土工程、地下室1层至地上3层结构、地下室土方回填。

施工单位认为防水施工一次面积太大，分两块两次施工。在第一块施工完成时，一场雨淋湿了第二块垫层，SBS改性沥青卷材防水采用热熔法施工需要基层干燥。未等到第二块垫层晒干，又下雨了。施工单位采用排水措施如下：让场地内所有雨水流入基坑，在基坑内设一台1寸水泵想场外市政污水管排水。由于水量太大，使已经完工的卷材防水全部被泡，经过太阳晒后有多处大面积鼓包。由于雨水冲刷，西面临近道路一侧土钉墙支护的土方局部发生塌方。事后，施工单位被业主解除了施工合同。

问题：

(1)本项目雨期施工方案中的防水卷材施工安排是否合理？为什么？

(2)本项目雨期施工方案中的排水安排是否合理？为什么？

(3)本项目比较合理的基坑度汛和雨期防水施工方案是什么？

职业链接答案

项目三

主体结构工程

学习目标

【知识目标】

1. 了解主体结构工程施工质量控制要点；
2. 熟悉主体结构工程施工验收标准、验收内容；
3. 掌握主体结构工程验收方法。

【能力目标】

1. 能控制主体结构工程的质量；
2. 能对主体结构工程进行质量验收。

【素养目标】

1. 具备明辨是非的工程伦理精神；
2. 具备社会责任精神；
3. 具备团队协作的能力；
4. 具备解决问题的能力。

项目导学

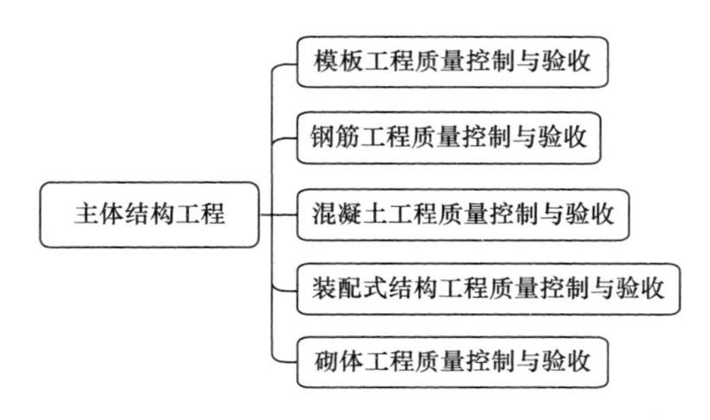

任务一　模板工程质量控制与验收

任务导入

工程实例中教学楼工程设计使用年限为50年，耐火等级为二级，抗震设防烈度为7度，屋面防水等级为二级，框架结构。基本风压为0.55 kN/m^2，地面粗糙度为B类，基本雪压为0.5 kN/m^2。场地地震基本烈度为7度，抗震设防烈度为7度，设计基本地震加速度为0.1g，设计地震分组为第一组，建筑物场地土类别为Ⅱ类，场地标准冻深为1.1 m。

在模板工程施工前，要结合基本参数进行必要的设计计算，编制模板工程专项施工方案，确保模板的强度、刚度和稳定性。在施工过程中，严格按照专项施工方案实施。

任务：模板工程施工时，对其进行质量控制，并填写模板工程检验批质量验收记录表。

知识储备

模板工程应编制施工方案，爬升式模板工程、工具式模板工程及高大模板支架工程的施工方案应进行技术论证。模板及支架应根据安装、使用和拆除工况进行设计，并应满足承载力、刚度和整体稳固性要求。

模板拆除时，可采取先支的后拆、后支的先拆，先拆非承重模板、后拆承重模板的顺序，并应从上而下进行拆除。底模及支架应在混凝土强度达到设计后再拆除；当设计无具体要求时，同条件养护的混凝土立方体试件抗压强度应符合表3-1的规定。当混凝土强度能保证其表面及棱角不受损伤时，方可拆除侧模。

表3-1　底模拆除时的混凝土强度要求

构件类型	构件跨度/m	达到设计的混凝土强度等级值的百分率计/%
板	≤2	≥50
	>2，≤8	≥75
	>8	≥100
梁、拱、壳	≤8	≥75
	>8	≥100
悬臂构件		≥100

模板工程质量控制与检验－主控项目

模板工程质量控制与检验－一般项目

模板安装工程的质量检验标准见表3-2。

表 3-2　模板安装工程质量检验标准

项	序	检查项目	质量要求	检验方法	检查数量
主控项目	1	模板及支架用材料	技术指标应符合国家现行有关标准的规定。进场时应抽样检验模板和支架的外观、规格和尺寸	检查质量证明文件；观察，尺量	按国家现行相关标准的规定确定
	2	现浇混凝土结构模板及支架的安装质量	应符合国家现行有关标准的规定和施工方案的要求	按国家现行有关标准的规定执行	按国家现行相关标准的规定确定
	3	后浇带处的模板及支架	应独立设置	观察	全数检查
	4	支架竖杆和竖向模板安装在土层上	应符合下列规定： 土层应坚实、平整，其承载力或密实度应符合施工方案的要求； 应有防水、排水措施；对冻胀土，应有预防冻融措施； 支架竖杆下应有底座或垫板	观察；检查土层密实度检测报告、土层承载力验算或现场检测报告	
一般项目	1	模板安装质量	(1)模板的接缝应严密； (2)模板内不应有杂物、积水或冰雪等； (3)模板与混凝土的接触面应平整、清洁； (4)用作模板的地坪、胎膜等应平整、清洁，不应有影响构件质量的下沉、裂缝、起砂或起鼓； (5)对清水混凝土及装饰混凝土构件，应使用能达到设计效果的模板	观察	全数检查
	2	隔离剂	隔离剂的品种和涂刷方法应符合施工方案的要求。隔离剂不得影响结构性能及装饰施工；不得沾污钢筋、预应力筋、预埋件和混凝土接槎处；不得对环境造成污染	检查质量证明文件；观察	
	3	模板的起拱	应符合现行国家标准《混凝土结构工程施工规范》(GB 50666—2011)的规定，并应符合设计及施工方案的要求	水准仪或尺量	在同一检验批内，对梁，跨度大于 18 m 时应全数检查，跨度不大于 18 m 时应抽查构件数量的 10%，且不应少于 3 件；对板，应按有代表性的自然间抽查 10%，且不少于 3 间；对大空间结构，板可按纵、横轴线划分检查面，抽查 10%，且均不少于 3 面

续表

项	序	检查项目	质量要求	检验方法	检查数量
一般项目	4	现浇混凝土结构多层连续支模	应符合施工方案的规定。上下层模板支架的竖杆宜对准。竖杆下垫板的设置应符合施工方案的要求	观察	全数检查
	5	预埋件、预留孔洞允许偏差	固定在模板上的预埋件和预留孔洞不得遗漏，且应安装牢固。有抗渗要求的混凝土结构中的预埋件，应按设计及施工方案的要求采取防渗措施。 预埋件和预留孔洞的位置应满足设计和施工方案的要求，当设计无具体要求时，其位置偏差应符合表3-3的规定	观察，尺量	在同一检验批内，对梁，跨度大于18 m时应全数检查，跨度不大于18 m时应抽查构件数量的10%，且不应少于3件；对板，应按有代表性的自然间抽查10%，且不少于3间；对大空间结构，板可按纵、横轴线划分检查面，抽查10%，且均不少于3面
	6	现浇结构模板安装允许偏差	允许偏差应符合表3-4的规定	见表3-4	
	7	预制构件模板安装	允许偏差应符合表3-5的规定	见表3-5	首次使用及大修后的模板应全数检查；使用中的模板应抽查10%，且不应少于5件，不足5件时应全数检查

表3-3　预埋件和预留孔洞的允许偏差

项目		允许偏差/mm
预埋板中心线位置		3
预埋管、预留孔中心线位置		3
插筋	中心线位置	5
	外露长度	+10，0
预埋螺栓	中心线位置	2
	外露长度	+10，0
预留洞	中心线位置	10
	尺寸	+10，0
注：检查中心线位置时，应沿纵、横两个方向量测，并取其中的较大值。		

表3-4　现浇结构模板安装的允许偏差及检验方法

项目	允许偏差/mm	检查方法
轴线位置	5	尺量
底模上表面标高	±5	水准仪或拉线、尺量

续表

项目		允许偏差/mm	检查方法
模板内部尺寸	基础	±10	尺量
	柱、墙、梁	±5	
	楼梯相邻踏步高差	±5	
垂直度	柱、墙层高≤5 m	8	经纬仪或吊线、尺量
	柱、墙层高>5 m	10	
相邻两块模板表面高差		2	尺量
表面平整度		5	2 m 靠尺和塞尺量测
注：检查轴线位置当有纵、横两个方向时，沿纵、横两个方向量测，并取其中偏差的较大值			

表 3-5　预制构件模板安装的允许偏差及检验方法

项目		允许偏差/mm	检查方法
长度	梁、板	±4	尺量两侧边，取其中较大值
	薄腹梁、桁架	±8	
	柱	0，-10	
	墙板	0，-5	
宽度	板、墙板	0，-5	尺量两端及中部，取其中较大值
	梁、薄腹梁、桁架	+2，-5	
高(厚)度	板	+2，-3	尺量两端及中部，取其中较大值
	墙板	0，-5	
	梁、薄腹梁、桁架、柱	+2，-5	
侧向弯曲	梁、板、柱	L/1 000 且≤15	拉线、尺量最大弯曲处
	墙板、薄腹梁、桁架	L/1 500 且≤15	
板的表面平整度		3	2 m 靠尺和塞尺量测
相邻两板表面高低差		1	尺量
对角线差	板	7	尺量两对角线
	墙板	5	
翘曲	板、墙板	L/1 500	水平尺在两端量测
设计起拱	薄腹梁、桁架、梁	±3	拉线、尺量跨中
注：L 为构件长度(mm)。			

任务实施

任务： 模板工程施工时，对其进行质量控制，并填写模板工程检验批质量验收记录表 3-6、表 3-7。

表 3-6　模板安装工程检验批质量验收记录

单位(子单位)工程名称		分部(子分部)工程名称		分项工程名称	
施工单位		项目负责人		检验批容量	

续表

分包单位		分包单位项目负责人		检验批部位	
施工依据			验收依据		

	验收项目		设计要求及规范规定	最小/实际抽样数量	检查记录	检查结果
主控项目	1			/		
	2			/		
	*3			/		
	4			/		
	5			/		
一般项目	1			/		
	2			/		
	3			/		
	4			/		
	5			/		
				/		
				/		
				/		
				/		
				/		
				/		
				/		
				/		
	6			/		
				/		
				/		
				/		
				/		
				/		
				/		
				/		

施工单位 检查结果	专业工长：项目专业质量检查员： 年　月　日
监理（建设）单位 验收结论	专业监理工程师： （建设单位项目专业技术负责人） 年　月　日

表 3-7　模板工程（拆除）检验批质量验收记录

工程名称			拆模部位		
施工单位			项目经理	专业工长	
分包单位			施工负责人	施工班、组长	
项目			施工单位检查记录	合格率%	监理（建设）单位验收记录
主控项目	*1				
	2				
	3				
	4				
一般项目	1				
	2				
施工单位检查意见					
	专业质量检查员				年　月　日
监理（建设）单位核查意见					
	监理工程师				
	（建设单位项目专业技术负责人）				年　月　日

拓展训练

某建设项目地处闹市区，场地狭小。工程总建筑面积为 30 000 m²，其中地上建筑面积为 25 000 m²，地下室建筑面积为 5 000 m²，大楼分为裙楼和主楼，其中主楼 28 层，裙楼 5 层，地下 2 层，主楼高度为 84 m，裙楼高度为 24 m，全现浇钢筋混凝土框架－剪力墙结构。基础形式为筏形基础，基坑深度为 15 m，地下水水位为 −8 m，属于层间滞水。基坑东、北两面距离建筑围墙 2 m，西、南两面距离交通主干道 9 m。

拓展训练答案

对模板工程的可能造成质量问题的原因进行分析，针对原因制定了对策和措施进行预控，将模板分析工程的质量控制点设置为模板强度及稳定、预埋件稳定、模板位置尺寸、模板内部清理及湿润情况等。

问题：对模板分析工程的质量控制点的设置是否妥当？质量控制点的设置应主要考虑哪些内容？

育人案例

江西丰城电厂“11·24”事故

2016 年 11 月 24 日，丰城发电厂三期扩建工程发生冷却塔施工平台坍塌特别重大事故，造成 73 人死亡、2 人受伤，直接经济损失 10 197.2 万元。

2017 年 9 月 15 日，经国务院调查组公布调查结果，司法机关拟追究刑事责任人员 31 人，

其中工程总承包方中南电力设计院3人、施工单位河北亿能公司6人、监理单位上海斯耐迪公司3人和魏县奉信劳务公司1人，其他人员18人。

1. 直接原因

施工单位在7号冷却塔第50节筒壁混凝土强度不足的情况下，违规拆除第50节模板，致使第50节筒壁混凝土失去模板支护，不足以承受上部荷载，从底部最薄弱处开始坍塌，造成第50节及以上筒壁混凝土和模架体系连续倾塌坠落。坠落物冲击与筒壁内侧连接的平桥附着拉索，导致平桥也整体倒塌。

经调查组现场勘查、计算分析，排除了人为破坏、地震、设计缺陷、地基沉降、模架体系缺陷等因素引起事故发生的可能。

2. 施工管理问题

经调查，在7号冷却塔施工过程中，为完成工期目标，施工进度不断加快，导致拆模前混凝土养护时间减少，混凝土强度发展不足；在气温骤降的情况下，没有采取相应的技术措施加快混凝土强度发展速度；筒壁工程施工方案存在严重缺陷，未制定针对性的拆模作业管理控制措施；对试块送检、拆模的管理失控，在实际施工过程中，劳务作业队伍自行决定拆模。

启示：做工程时刻要以人为本，把人的安全放到第一位。并且，经验很重要，但是要随着环境的变化，判断施工条件是否满足，要具备明辨是非的工程伦理观，并且具备以人为本的社会责任感。

任务二　钢筋工程质量控制与验收

任务导入

工程实例中教学楼工程中钢筋材料如下：

1. 钢筋：HPB300钢筋，钢筋强度设计值$f_y=210\ \text{N/mm}^2$；

HRB335钢筋，钢筋强度设计值$f_y=300\ \text{N/mm}^2$；

HRB400钢筋，钢筋强度设计值$f_y=360\ \text{N/mm}^2$。

注：抗震等级为一、二的框架结构，其纵向受力普通钢筋的抗拉强度实测值与屈服强度实测值的比值不应小于1.25；钢筋屈服强度实测值与强度标准值的比值不应大于1.3；钢筋在最大拉应力下的总伸长率实测值不应小于9%。

2. 钢板、型钢：钢材Q235强度设计值$f_y=215\ \text{N/mm}^2$。

焊条：E43××(HPB300级钢，HPB300级钢与HRB335级钢焊接)、E50××(HRB335级钢之间焊接)、E55××(HRB400级钢之间焊接)。

任务：钢筋工程施工时，对其进行质量控制，并填写钢筋工程检验批质量验收记录表。

知识储备

浇筑混凝土之前应进行钢筋隐蔽工程验收，其内容包括：纵向受力钢筋的品种、规格、数量、位置等；钢筋的连接方式、接头位置、接头质量、接头面积百分率、搭接长度、锚固方式及锚固长度；箍筋、横向钢筋的牌号、规格、数量、间距、位置，箍筋弯钩的弯折角度及平直段长度；预埋件的规格、数量和位置等。

钢筋、成型钢筋进场检验，当满足下列条件之一时，其检验批容量可扩大一倍：

(1) 获得认证的钢筋、成型钢筋；

(2) 同一厂家、同一牌号、同一规格的钢筋，连续三批均一次检验合格；

(3) 同一厂家、同一类型、同一钢筋来源的成型钢筋，连续三批均一次检验合格。

钢筋材料质量控制与检验

材料的质量检验标准见表 3-8。

表 3-8 材料质量检验标准

项	序	检查项目	质量要求	检验方法	检查数量
主控项目	1	钢筋力学性能和重量偏差检验	钢筋进场时，应按国家现行相关标准的规定抽取试件作屈服强度、抗拉强度、伸长率、弯曲性能和重量偏差检验，检验结果应符合相应标准的规定	检查质量证明文件和抽样检验报告	按进场的批次和产品的抽样检验方案确定
	2	成型钢筋力学性能和重量偏差检验	成型钢筋进场时，应抽取试件作屈服强度、抗拉强度、伸长率和重量偏差检验，检验结果应符合国家现行相关标准的规定。 对由热轧钢筋制成的成型钢筋，当有施工单位或监理单位的代表驻厂监督生产过程，并提供原材钢筋力学性能第三方检验报告时，可仅进行重量偏差检验	检查质量证明文件和抽样检验报告	同一厂家、同一类型、同一钢筋来源的成型钢筋，不超过 30 t 为一批，每批中每种钢筋牌号、规格均应至少抽取 1 个钢筋试件，总数不应少于 3 个
	3	抗震用钢筋强度实测值	对接一、二、三级抗震等级设计的框架和斜撑构件（含梯段）中的纵向受力钢筋应采用 HRB335E、HRB400E、HRB500E、HRBF335E、HRBF400E 或 HRBF500E 钢筋，其强度和最大力下总伸长率的实测值应符合下列规定： (1) 抗拉强度实测值与屈服强度实测值的比值不应小于 1.25； (2) 屈服强度实测值与屈服强度标准值的比值不应大于 1.3； (3) 最大力下总伸长率不应小于 9%	检查抽样检验报告	按进场的批次和产品的抽样检验方案确定
一般项目	1	钢筋外观质量	钢筋应平直、无损伤、表面不得有裂纹、油污、颗粒状或片状老锈	观察	全数检查
	2	成型钢筋外观质量	成型钢筋的外观质量和尺寸偏差应符合国家现行相关标准的规定。	观察，尺量	同一厂家、同一类型的成型钢筋，不超过 30 t 为一批，每批随机抽取 3 个成型钢筋
	3	套筒、钢筋锚固板、预埋件外观质量	钢筋机械连接套筒、钢筋锚固板及预埋件等的外观质量应符合国家现行相关标准的规定	检查产品质量证明文件；观察、尺量	按国家现行相关标准的规定确定

钢筋加工的质量检验标准见表3-9。

表3-9　钢筋加工质量检验标准

项	序	检查项目	质量要求	检查方法	检查数量
主控项目	1	钢筋弯折的弯弧内直径	(1)光圆钢筋，不应小于钢筋直径的2.5倍； (2)335 MPa级、400 MPa级带肋钢筋，不应小于钢筋直径的4倍； (3)500 MPa级带肋钢筋，当直径为28 mm以下时不应小于钢筋直径的6倍，当直径为28 mm及以上时不应小于钢筋直径的7倍； (4)钢筋弯折处尚不应小于纵向受力钢筋的直径	尺量	同一设备加工的同一类型钢筋，每工作班抽查不应少于3件
	2	纵向受力钢筋的弯折后平直段长度	光圆钢筋末端作180°弯钩时，弯钩的平直段长度不应小于钢筋直径的3倍		
	3	箍筋、拉筋的末端弯钩	(1)对一般结构构件，箍筋弯钩的弯折角度不应小于90°，弯折后平直段长度不应小于箍筋直径的5倍；对有抗震设防要求或设计有专门要求的结构构件，箍筋弯钩的弯折角度不应小于135°，弯折后平直段长度不应小于箍筋直径的10倍； (2)圆形箍筋的搭接长度不应小于其受拉锚固长度，且两末端弯钩的弯折角度不应小于135°，弯折后平直段长度对一般结构构件不应小于箍筋直径的5倍，对有抗震设防要求的结构构件不应小于箍筋直径的10倍； (3)梁、柱复合箍筋中的单肢箍筋两端弯钩的弯折角度均不小于135°，弯折后平直段长度应符合第(1)条对箍筋的有关规定		
	4	盘卷钢筋调直后力学性能和重量偏差	断后伸长率、重量偏差应符合表3-8的规定。力学性能和重量偏差检验应符合下列规定： (1)应对3个试件先进行重量偏差检验，再取其中2个试件进行力学性能检验； (2)检验重量偏差时，试件切口应平滑并与长度方向垂直，其长度不应小于500 mm；长度和重量的量测精度分别不应低于1 mm和1 g。 采用无延伸功能的机械设备调直的钢筋，可不进行本条规定的检验	检查抽样检验报告	同一设备加工的同一牌号、同一规格的调直钢筋，重量不大于30 t为一批，每批见证抽取3个试件

续表

项	序	检查项目	质量要求	检查方法	检查数量
一般项目	1	形状、尺寸	钢筋加工的形状、尺寸应符合设计要求，其偏差应符合表3-10、表3-11的规定	尺量	同一设备加工的同一类型钢筋，每工作班抽查不应少于3件

表 3-10　盘卷钢筋调直后的断后伸长率、重量偏差要求

钢筋牌号	断后伸长率 $A/\%$	重量偏差/%	
		直径 6～12 mm	直径 14～16 mm
HPB300	≥21	≥ -10	—
HRB335、HRBF335	≥16	≥ -8	≥ -6
HRB400、HRBF400	≥15		
RRB400	≥13		
HRB500、HRBF500	≥14		
注：断后伸长率 A 的量测标距为5倍钢筋直径。			

表 3-11　钢筋加工的允许偏差

项目	允许偏差/mm
受力钢筋沿长度方向净尺寸	±10
弯起钢筋的弯折位置	±20
箍筋外廓尺寸	±5

钢筋加工质量控制与检验

钢筋连接的质量检验标准见表3-12。

表 3-12　钢筋连接质量检验标准

项	序	检查项目	质量要求	检验方法	检查数量
主控项目	1	连接方式	应符合设计要求	观察	全数检查
	2	机械连接接头、焊接接头	钢筋采用机械连接或焊接连接时，钢筋机械连接接头、焊接接头的力学性能、弯曲性能应符合国家现行相关标准的规定，接头试件应从工程实体中截取	检查质量证明文件和抽样检验报告	按现行行业标准《钢筋机械连接技术规程》（JGJ 107—2016）和《钢筋焊接及验收规程》（JGJ 18—2012）的规定确定

续表

项	序	检查项目	质量要求	检验方法	检查数量
主控项目	3	螺纹接头	应检验拧紧扭矩值，挤压接头应量测压痕直径，检验结果应符合现行行业标准《钢筋机械连接技术规程》(JGJ 107—2016)的相关规定	采用专用扭力扳手或专用量规检查	按现行行业标准《钢筋机械连接技术规程》(JGJ 107—2016)的规定确定
一般项目	1	钢筋接头的位置	钢筋接头的位置应符合设计和施工方案要求。有抗震设防要求的结构中，梁端、柱端箍筋加密区范围内不应进行钢筋搭接。接头末端至钢筋弯起点的距离不应小于钢筋直径的10倍	观察，尺量	全数检查
	2	接头的外观	钢筋机械连接接头、焊接接头的外观质量应符合现行行业标准《钢筋机械连接技术规程》(JGJ 107—2016)和《钢筋焊接及验收规程》(JGJ 18—2012)的规定	观察，尺量	按现行行业标准《钢筋机械连接技术规程》(JGJ 107—2016)和《钢筋焊接及验收规程》(JGJ 18—2012)的规定确定
	3	纵向受力钢筋机械连接、焊接的接头面积百分率	设置在同一构件内的接头宜相互错开。纵向受力钢筋当设计无具体要求时，应符合下列规定： (1)受拉接头，不宜大于50%；受压接头，可不受限制； (2)直接承受动力荷载的结构构件中，不宜采用焊接；当采用机械连接时，不应超过50%。 注：1)接头连接区段是指长度为35d且不小于500 mm的区段，d为相互连接两根钢筋的直径较小值。 2)同一连接区段内纵向受力钢筋接头面积百分率为接头中点位于该连接区段内的纵向受力钢筋截面面积与全部纵向受力钢筋截面面积的比值	观察，尺量	在同一检验在同一检验批内，对梁、柱和独立基础，应抽查构件数量的10%，且不少于3件；对墙和板，应按有代表性的自然间抽查10%，且不少于3间；对大空间结构，墙可按相邻轴线间高度5 m左右划分检查面，板可按纵横轴线划分检查面，抽查10%，且均不少于3面
一般项目	4	绑扎搭接接头的设置	当纵向受力钢筋采用绑扎搭接接头时，接头的位置应符合下列规定： (1)接头的横向净间距不应小于钢筋直径，且不应小于25 mm； (2)同一连接区段内，纵向受拉钢筋的接头面积百分率应符合设计要求；当设计无具体要求时，应符合下列规定： 1)梁类、板类及墙类构件，不宜超过25%；基础筏板，不宜超过50%。	观察，尺量	在同一检验在同一检验批内，对梁、柱和独立基础，应抽查构件数量的10%，且不少于3件；对墙和板，应按有代表性的自然间抽查10%，且不少于3间；对大空间结构，墙可按相邻

项	序	检查项目	质量要求	检查方法	检查数量
一般项目	4	绑扎搭接接头的设置	2)柱类构件，不宜超过50%。 3)当工程中确有必要增大接头面积百分率时，对梁类构件，不应大于50%。 注：1)接头连接区段是指长度为1.3倍搭接长度的区段。搭接长度取相互连接两根钢筋中较小直径计算。 2)同一连接区段内纵向受力钢筋接头面积百分率为接头中点位于该连接区段内的纵向受力钢筋截面面积与全部纵向受力钢筋截面面积的比值	观察，尺量	轴线间高度5 m左右划分检查面，板可按纵横轴线划分检查面，抽查10%，且均不少于3面
	5	搭接长度范围内的箍筋	梁、柱类构件的纵向受力钢筋搭接长度范围内箍筋的设置应符合设计要求。当设计无具体要求时，应符合下列规定： (1)箍筋直径不应小于搭接钢筋较大直径的1/4； (2)受拉搭接区段的箍筋间距不应大于搭接钢筋较小直径的5倍，且不应大于100 mm； (3)受压搭接区段的箍筋间距不应大于搭接钢筋较小直径的10倍，且不应大于200 mm； (4)当柱中纵向受力钢筋直径大于25 mm时，应在搭接接头两个端面外100 mm范围内各设置二个箍筋，其间距宜为50 mm	观察，尺量	在同一检验批内，应抽查构件数量的10%，且不应少于3件

钢筋连接质量控制与检验

钢筋安装的质量检验标准见表3-13。

表3-13 钢筋安装质量检验标准

项	序	检查项目	质量要求	检查方法	检查数量
主控项目	1	受力钢筋的牌号、规格和数量	应符合设计要求	观察，尺量	全数检查
	2	受力钢筋的安装位置、锚固方式			
一般项目	1	钢筋安装位置	安装偏差及检验方法应符合表3-14的规定。受力钢筋保护层厚度的合格点率应达到90%及以上，		在同一检验批内，对梁、柱和独立基础，应抽查构件数量的10%，且不少于3件；对墙和板，应按有代表性的自

续表

项	序	检查项目	质量要求	检查方法	检查数量
一般项目	1	钢筋安装位置	且不得有超过表中数值1.5倍的尺寸偏差		然间抽查10%，且不少于3间；对大空间结构，墙可按相邻轴线间高度5 m左右划分检查面，板可按纵、横轴线划分检查面，抽查10%，且均不少于3面

表3-14　钢筋安装位置的允许偏差和检验方法

项目		允许偏差/mm	检验方法
绑扎钢筋网	长、宽	±10	尺量
	网眼尺寸	±20	尺量连续三档，取最大偏差值
绑扎钢筋骨架	长	±10	尺量
	宽、高	±5	
纵向受力钢筋	锚固长度	-20	尺量
	间距	±10	尺量两端、中间各一点，取最大偏差值
	排距	±5	
纵向受力钢筋、箍筋的混凝土保护层厚度	基础	±10	尺量
	柱、梁	±5	
	板、墙、壳	±3	
绑扎箍筋、横向钢筋间距		±20	尺量连续三档，取最大偏差值
钢筋弯起点位置		20	尺量，沿纵、横两个方向量测，并取其中偏差的较大值
预埋件	中心线位置	5	尺量
	水平高差	+3，0	塞尺量测
注：检查中心线位置时，沿两纵、横两个方向量测，并取其中偏差的较大值。			

钢筋安装质量控制与检验

任务实施

任务：钢筋工程施工时，对其进行质量控制，并填写钢筋工程检验批质量验收记录表3-15～表3-18。

表3-15　钢筋原材料检验批质量验收记录

单位(子单位)工程名称		分部(子分部)工程名称		分项工程名称	
施工单位		项目负责人		检验批容量	
分包单位		分包单位项目负责人		检验批部位	
施工依据			验收依据		

续表

	验收项目		设计要求及规范规定	最小/实际抽样数量	检查记录	检查结果
主控项目	*1			/		
	2			/		
	*3			/		
一般项目	1			/		
	2			/		
	3			/		
施工单位检查结果	专业工长： 项目专业质量检查员： 年　月　日					
监理(建设)单位验收结论	专业监理工程师： (建设单位项目专业技术负责人) 年　月　日					

表 3-16　钢筋加工检验批质量验收记录

单位(子单位)工程名称				分部(子分部)工程名称		分项工程名称	
施工单位				项目负责人		检验批容量	
分包单位				分包单位项目负责人		检验批部位	
施工依据					验收依据		
	验收项目			设计要求及规范规定	最小/实际抽样数量	检查记录	检查结果
主控项目	1				/		
	2				/		
	3				/		
	4				/		
一般项目	1				/		
					/		
					/		
施工单位检查结果	专业工长： 项目专业质量检查员： 年　月　日						
监理(建设)单位验收结论	专业监理工程师： (建设单位项目专业技术负责人) 年　月　日						

表 3-17　钢筋连接检验批质量验收记录

单位(子单位)工程名称			分部(子分部)工程名称		分项工程名称	
施工单位			项目负责人		检验批容量	
分包单位			分包单位项目负责人		检验批部位	
施工依据				验收依据		
主控项目	验收项目		设计要求及规范规定	最小/实际抽样数量	检查记录	检查结果
	1			/		
	2			/		
	3			/		
一般项目	1			/		
	2			/		
	3			/		
	4			/		
	5			/		
施工单位检查结果	专业工长： 项目专业质量检查员： 年　月　日					
监理(建设)单位验收结论	专业监理工程师： (建设单位项目专业技术负责人) 年　月　日					

表 3-18　钢筋安装检验批质量验收记录

单位(子单位)工程名称			分部(子分部)工程名称		分项工程名称	
施工单位			项目负责人		检验批容量	
分包单位			分包单位项目负责人		检验批部位	
施工依据				验收依据		
主控项目	验收项目		设计要求及规范规定	最小/实际抽样数量	检查记录	检查结果
	*1			/		
	2			/		
一般项目	1			/		
				/		
				/		
				/		
				/		
				/		
				/		

续表

<table>
<tr><td>主控项目</td><td colspan="4">验收项目</td><td>设计要求及规范规定</td><td>最小/实际抽样数量</td><td>检查记录</td><td>检查结果</td></tr>
<tr><td rowspan="7">一般项目</td><td rowspan="7">1</td><td rowspan="7"></td><td rowspan="3"></td><td></td><td></td><td>/</td><td></td><td></td></tr>
<tr><td></td><td></td><td>/</td><td></td><td></td></tr>
<tr><td></td><td></td><td>/</td><td></td><td></td></tr>
<tr><td colspan="2"></td><td></td><td>/</td><td></td><td></td></tr>
<tr><td colspan="2"></td><td></td><td>/</td><td></td><td></td></tr>
<tr><td rowspan="2"></td><td></td><td></td><td>/</td><td></td><td></td></tr>
<tr><td></td><td></td><td>/</td><td></td><td></td></tr>
<tr><td colspan="3">施工单位
检查结果</td><td colspan="6">专业工长：
项目专业质量检查员：
年　月　日</td></tr>
<tr><td colspan="3">监理（建设）单位
验收结论</td><td colspan="6">专业监理工程师：
（建设单位项目专业技术负责人）
年　月　日</td></tr>
</table>

拓展训练

某建设项目地处闹市区，场地狭小。工程总建筑面积为 30 000 m^2，其中地上建筑面积为 25 000 m^2，地下室建筑面积为 5 000 m^2，大楼分为裙楼和主楼，其中主楼 28 层，裙楼 5 层，地下 2 层，主楼高度为 84 m，裙楼高度为 24 m，全现浇钢筋混凝土框架－剪力墙结构。基础形式为筏形基础，基坑深度为 15 m，地下水水位为 −8 m，属于层间滞水。基坑东、北两面距离建筑围墙 2 m，西、南两面距离交通主干道 9 m。

事件一：施工总承包单位进场后，采购了 110 t HRB335 级钢筋，钢筋出厂合格证明材料齐全，施工总承包单位将同一炉罐号的钢筋组批，在监理工程师见证下，取样复试。复试合格后，施工总承包单位在现场采用冷拉方法调直钢筋，冷拉率为 3%，监理工程师责令施工总承包单位停止钢筋加工工作。

事件二：钢筋工程中，直径为 12 mm 以上受力钢筋，采用剥肋滚压直螺纹连接。

拓展训练答案

问题：

1. 指出事件一中施工总承包单位做法的不妥之处，分别写出正确做法。
2. 事件二中钢筋方案的选择是否合理？为什么？
3. 钢筋工程隐蔽验收的要点有哪些？

预应力工程质量控制与检验

伶仃洋大桥东索塔项目

2021 年 6 月 17 日中午 12 时，深中通道伶仃洋大桥东索塔塔柱混凝土浇筑完成，标志世界上最大跨径海中钢箱梁悬索桥首座主塔完成封顶。深中通道是继港珠澳大桥后，又一个集“桥、岛、隧、水下互通”为一体的超级跨海集群工程，全长 24 km，南距港珠澳大桥 38 km。其中，伶仃洋大桥为项目关键控制性工程，为三跨全漂浮体系悬索桥，全部跨径为 2 826 m，主跨为 1 666 m，为世界最大跨径海中钢箱梁悬索桥。大桥主塔分为东西两个索塔，每个塔高为 270 m，相当于 90 层楼高度。深中通道伶仃洋大桥东索塔钢筋用量相当于埃菲尔铁塔。

深中通道伶仃洋大桥作业全部在海上，270 m 超高的索塔施工步骤烦琐，工艺复杂，给项目现场施工带来了巨大的挑战。如何保证全海上超高索塔作业的安全？

为保证项目现场安全及混凝土的品质，中交二航局带领技术团队研发了国内首条钢筋柔性网片生产线，以及“平台可收分、竖向可调节的多功能绑扎平台”，相比传统工艺，减少作业人员 60% ~70% ，并保证了钢筋保护层厚度在97% 以上，不仅大大节省了人力、物力，同时降低了全海上超高索塔作业带来的安全隐患。

目前，深中通道伶仃洋大桥正持续推进西索塔主塔建设及东西锚碇锚体施工，中山大桥主塔已筑至 180 m 高程，计划 2021 年内完成封顶。岛隧工程方面，东、西人工岛建设有序开展，沉管隧道已完成共 9 个管节沉放对接。

专家认为，深中通道伶仃洋大桥东索塔在建设过程中，新材料、新工艺、新设备、新技术的使用，代表了当前国内建桥技术的最高水平。一体化智能筑塔设备及成套建造技术，为我国桥梁超高索塔的建造再次带来革命性转型升级。

启示：知识就是力量，只有不断的科技创新，才能不断的创造奇迹。

任务三　混凝土工程质量控制与验收

任务导入

工程实例中教学楼工程中混凝土强度等级见表 3-19。

表 3-19　混凝土强度等级

构件名称及部位	混凝土强度等级	范围
承台	C30	全部
框架柱	C40	全部

续表

构件名称及部位	混凝土强度等级	范围
梁、板、楼梯	C30	全部
所有圈梁及构造柱	C20	全部
垫层	C15 素混凝土	全部

任务： 混凝土工程施工时，对其进行质量控制，并填写混凝土工程检验批质量验收记录表。

知识储备

混凝土强度应按现行国家标准《混凝土强度检验评定标准》(GB/T 50107—2010)的规定分批检验评定。划入同一检验批的混凝土，其施工持续时间不宜超过 3 个月。检验评定混凝土强度时，应采用 28 d 或设计规定龄期的标准养护试件。采用蒸汽养护的构件，其试件应先随构件同条件养护，然后再置入标准条件下继续养护至 28 d 或设计规定龄期。检验评定混凝土强度用的混凝土试件的尺寸及强度的尺寸换算系数应按表 3-20 取用。

表 3-20 混凝土试件尺寸及强度的尺寸换算系数

骨料最大粒径/mm	试件尺寸/mm	强度的尺寸换算系数
≤31.5	100×100×100	0.95
≤40	150×150×150	1.00
≤63	200×200×200	1.05
注：对强度等级为 C60 及以上的混凝土试件，其强度的尺寸换算系数可通过试验确定。		

当混凝土试件强度评定为不合格时，应委托具有资质的检测机构对结构构件中的混凝土强度进行检测推定。

水泥、外加剂进场检验，当满足下列条件之一时，其检验批容量可扩大一倍：

(1)获得认证的产品；

(2)同一厂家、同一品种、同一规格的产品，连续三次进场检验均一次检验合格。

原材料的质量检验标准见表 3-21。

表 3-21 原材料质量检验标准

项	序	检查项目	质量要求	检验方法	检查数量
主控项目	1	水泥进场检验	水泥进场时应对其品种、代号、强度等级、包装或散装仓号、出厂日期等进行检查，并应对其强度、安定性和凝结时间进行检验，检验结果应符合现行国家标准《通用硅酸盐水泥》(GB 175—2007)的相关规定。	检查质量证明文件和抽样检验报告	按同一厂家、同一品种、同一代号、同一强度等级、同一批号且连续进场的水泥，袋装不超过 200 t 为一批，散装不超过 500 t 为一批，每批抽样不应少于一次
	2	外加剂质量	混凝土外加剂进场时，应对其品种、性能、出厂日期等进行检查，并应对外加剂的相关性能指标进行检验，检验结果应符合现行国家标准《混凝土外加剂》(GB 8076—2008)、《混凝土外加剂应用技术规范》(GB 50119—2013)的规定。		按同一厂家、同一品种、同一性能、同一批号且连续进场的混凝土外加剂，不超过 50 t 为一批，每批抽样数量不应少于一次

续表

项	序	检查项目	质量要求	检验方法	检查数量
一般项目	1	矿物掺合料的质量	混凝土用矿物掺合料进场时，应对其品种、技术指标、出厂日期等进行检查，并应对矿物掺合料的相关性能指标进行检验，检验结果应符合国家现行有关标准的规定	检查质量证明文件和抽样检验报告	按同一厂家、同一品种、同一批号且连续进场的矿物掺合料、粉煤灰、矿渣粉、磷渣粉、钢铁渣粉和复合矿物掺合料不超过 200 t 为一批，沸石粉不超过 120 t 为一批，硅灰不超过 30 t 为一批，每批抽样数量不应少于一次
	2	粗、细骨料的质量	混凝土原材料中的粗、细骨料的质量，应符合现行行业标准、《普通混凝土用砂、石质量及检验方法标准》(JGJ 52—2006)的规定，使用经过净化处理的海砂应符合现行行业标准《海砂混凝土应用技术规范》(JGJ 206—2010)的规定，再生混凝土骨料应符合现行国家标准《混凝土用再生粗骨料》(GB/T 25177—2010)和《混凝土和砂浆用再生细骨料》(GB/T 25176—2010)的规定	检查抽样检查报告	按现行行业标准《普通混凝土用砂、石质量及检验方法标准》(JGJ 52—2006)的规定确定
	3	水	混凝土拌制及养护用水应符合现行行业标准《混凝土用水标准》(JGJ 63—2006)的规定。采用饮用水作为混凝土用水时，可不检验；采用中水、搅拌站清洗水、施工现场循环水等其他水源时，应对其成分进行检验	检查水质检验报告	同一水源检查不应少于一次

混凝土原材料质量控制与检验

混凝土拌合物的质量检验标准见表 3-22。

表 3-22　混凝土拌合物质量检验标准

项	序	检查项目	质量要求	检验方法	检查数量
主控项目	1	预拌混凝土进场	质量应符合现行国家标准《预拌混凝土》(GB/T1 4902—2012)的规定	检查质量证明文件	全数检查
	2	离析	不应离析	观察	
	3	氯离子含量和碱总含量	应符合现行国家标准《混凝土结构设计规范(2015 年版)》(GB 50010—2010)的规定和设计要求	检查原材料试验报告和氯离子、碱的总含量计算书	同一配合比的混凝土检查不应少于一次

续表

项	序	检查项目	质量要求	检验方法	检查数量
主控项目	4	配合比开盘鉴定	首次使用的混凝土配合比应进行开盘鉴定，其原材料、强度、凝结时间、稠度等应满足设计配合比的要求	检查开盘鉴定资料和强度试验报告	同一配合比的混凝土检查不应少于一次
一般项目	1	稠度	混凝土拌合物稠度应满足施工方案的要求	检查稠度抽样检验记录	对同一配合比混凝土，取样见表 3-23
	2	耐久性	混凝土有耐久性指标要求时，应在施工现场随机抽取试件进行耐久性检验，其检验结果应符合国家现行有关标准的规定和设计要求	检查试件耐久性试验报告	同一配合比的混凝土，取样不应少于一次
	3	含气量	混凝土有抗冻要求时，应在施工现场进行混凝土含气量检验，其检验结果应符合国家现行有关标准的规定和设计要求	检查混凝土含气量检验报告	

表 3-23　混凝土拌合物稠度检查数量

拌制量	取样次数
每拌制 100 盘且不超过 100 m^3	不得少于一次
每工作班拌制不足 100 盘	
每次连续浇筑超过 1 000 m^3，每 200 m^3 取样	
每一楼层	
每次取样应至少留置一组试件	

混凝土拌合物的质量控制与检验

混凝土施工的质量检验标准见表 3-24。

表 3-24　混凝土施工质量检验标准

项	序	检查项目	质量要求	检查方法	检查数量
主控项目	1	混凝土强度等级、试件的取样和留置	结构混凝土的强度等级必须符合设计要求。用于检验混凝土强度的试件，应在浇筑地点随机抽取	检查施工记录及混凝土强度试验报告	对同一配合比混凝土，取样见表 3-23
一般项目	1	后浇带和施工缝的位置及处理	后浇带的留设位置应符合设计要求，后浇带和施工缝的位置及处理方法应符合施工方案要求	观察	全数检查
	2	混凝土养护	混凝土浇筑完毕后应及时进行养护，养护时间以及养护方法应符合施工方案要求	观察、检查混凝土养护记录	

原材料每盘称量的允许偏差见表3-25。

表3-25　原材料每盘称量的允许偏差

材料名称	允许偏差
水泥掺合料	±2%
粗细骨料	±3%
水外加剂	±2%

任务实施

任务：混凝土工程施工时，对其进行质量控制，并填写混凝土工程检验批质量验收记录表表3-26～表3-28。

表3-26　混凝土原材料检验批质量验收记录

<table>
<tr><td colspan="2">单位(子单位)工程名称</td><td></td><td>分部(子分部)工程名称</td><td></td><td>分项工程名称</td><td></td></tr>
<tr><td colspan="2">施工单位</td><td></td><td>项目负责人</td><td></td><td>检验批容量</td><td></td></tr>
<tr><td colspan="2">分包单位</td><td></td><td>分包单位项目负责人</td><td></td><td>检验批部位</td><td></td></tr>
<tr><td colspan="2">施工依据</td><td colspan="3"></td><td>验收依据</td><td></td></tr>
<tr><td rowspan="2">主控项目</td><td colspan="2">验收项目</td><td>设计要求及
规范规定</td><td>最小/实际
抽样数量</td><td>检查记录</td><td>检查结果</td></tr>
<tr><td>*1</td><td></td><td></td><td>/</td><td></td><td></td></tr>
<tr><td rowspan="3">一般项目</td><td>1</td><td></td><td></td><td>/</td><td></td><td></td></tr>
<tr><td>2</td><td></td><td></td><td>/</td><td></td><td></td></tr>
<tr><td>3</td><td></td><td></td><td>/</td><td></td><td></td></tr>
<tr><td colspan="2">施工单位
检查结果</td><td colspan="5">专业工长：
项目专业质量检查员：
年　月　日</td></tr>
<tr><td colspan="2">监理(建设)单位
验收结论</td><td colspan="5">专业监理工程师：
(建设单位项目专业技术负责人)
年　月　日</td></tr>
</table>

表3-27　混凝土拌合物及混凝土施工检验批质量验收记录

<table>
<tr><td>单位(子单位)工程名称</td><td></td><td>分部(子分部)工程名称</td><td></td><td>分项工程名称</td><td></td></tr>
<tr><td>施工单位</td><td></td><td>项目负责人</td><td></td><td>检验批容量</td><td></td></tr>
<tr><td>分包单位</td><td></td><td>分包单位项目负责人</td><td></td><td>检验批部位</td><td></td></tr>
<tr><td>施工依据</td><td colspan="3"></td><td>验收依据</td><td></td></tr>
</table>

续表

	验收项目		设计要求及规范规定	最小/实际抽样数量	检查记录	检查结果
主控项目	1			/		
	2			/		
	3			/		
	4			/		
一般项目	*1			/		
	2			/		
	3			/		
	4			/		
	5			/		
施工单位检查结果	专业工长： 项目专业质量检查员： 年 月 日					
监理（建设）单位验收结论	专业监理工程师： （建设单位项目专业技术负责人） 年 月 日					

表 3-28 现浇结构位置和尺寸偏差检验批质量验收记录

单位（子单位）工程名称		分部（子分部）工程名称		分项工程名称	
施工单位		项目负责人		检验批容量	
分包单位		分包单位项目负责人		检验批部位	
施工依据			验收依据		

	验收项目		设计要求及规范规定	最小/实际抽样数量	检查记录	检查结果
主控项目	*1			/		
	2			/		
一般项目	1			/		
				/		
				/		
				/		
				/		
				/		
				/		
				/		
				/		
				/		

续表

主控项目	验收项目				设计要求及规范规定	最小/实际抽样数量	检查记录	检查结果
一般项目	1					/		
						/		
						/		
						/		
						/		
						/		
						/		
						/		
						/		
						/		
						/		
						/		
施工单位检查结果	专业工长： 项目专业质量检查员： 年　月　日							
监理（建设）单位验收结论	专业监理工程师： （建设单位项目专业技术负责人） 年　月　日							

拓展训练

某建设项目地处闹市区，场地狭小。工程总建筑面积为30 000 m^2，其中地上建筑面积为25 000 m^2，地下室建筑面积为5 000 m^2，大楼分为裙楼和主楼，其中主楼28层，裙楼5层，地下2层，主楼高度为84 m，裙楼高度为24 m，全现浇钢筋混凝土框架－剪力墙结构。基础形式为筏形基础，基坑深度为15 m，地下水水位为－8 m，属于层间滞水。基坑东、北两面距离建筑围墙为2 m，西、南两面距离交通主干道为9 m。

施工过程中，发现部分混凝土出现蜂窝、麻面现象。

问题：

1. 治理混凝土蜂窝、麻面的主要措施有哪些？
2. 试述单位工程质量验收的内容。

拓展训练答案

混凝土现浇结构质量控制与检验

育人案例

港珠澳大桥混凝土造假案

2018 年 10 月，经过无数建造者 3 000 个日夜的奋战，连接中国香港、广东珠海、中国澳门的桥隧工程港珠澳大桥正式开通。

自此，大陆与港澳的联系愈加紧密。港珠澳大桥创造的成就举世瞩目，人们难以想象，在建造桥梁的过程中，隐藏着怎样的困难与危机。

1. 案件经过

2012 年，港珠澳大桥香港段开始建设。为了保证桥梁的绝对安全，相关部门需要对建筑材料进行定时抽检工作。所以，土木工程拓展署专门在大屿山北部建立了小蚝湾试验所，负责材料的检查，其中最重要的一项，便是对混凝土的强度进行检测。

土木工程拓展署对混凝土检测并不擅长，精挑细选后，检测单位嘉科工程顾问有限公司在一众竞争者中脱颖而出。嘉科在材料检测上十分有经验，在业内有口皆碑，所以，拓展署对其付出了极大的信任。如此，嘉科公司与土木工程拓展署达成了一致意见。嘉科必须按照规定的试验、步骤，对混凝土的强度进行检测，并出具一份报告。

如果拓展署承认了报告的有效性，便可以赋予其 HOKLAS 标志，因此，报告便具有了权威性。对于嘉科而言，承担混凝土检测工作，不仅可以获得巨大的经济效益，还有利于在业内打开名气。几乎没有任何犹豫，公司负责人与拓展署签订了合同。与此同时，嘉科也面临着巨大的风险。只要拓展署发现了嘉科的任何失误，都可以无条件地暂停款项的发放。嘉科所做的检测报告，将不再被承认，所有的努力都功亏一篑。

为了圆满完成任务，嘉科公司上下所有人，均全力以赴。公司从试验所将混凝土土块取回，经过测量，记录下相关数据。此后，工作人员将混凝土块放到水槽中，进行养护。工作人员需要在规定的时间内，逐日对混凝土的硬度等标准进行检测，并如实记录下数据。28 天后，人们需要将混凝土从水槽中捞出，进行最终的检测。工人将混凝土表面的水分擦干后，放在仪器上称重，随后进行分批的“压砖”，即压力测试。在测试完毕后，系统会自动生成一张报告单。如果混凝土的抗压力最终达到了标准，就可以获得合格证明。

嘉科的工作人员经过严格的测试，向拓展署递交了合格的报告。然而不久后，问题随之出现。2016 年 7 月，拓展署的工作人员在对混凝土报告进行检查时，发现其中的可疑之处。

第一，一块混凝土，有两张数据记录单，这并不符合实际。混凝土测试，记录着土块的最大硬度，几乎是不可逆的。前一次的检测中，混凝土已经被压坏，如何能够进行第二次的测试？

第二，这两张记录单的检测的间隔时间，只相差了一分钟。混凝土的检测，对施加压力的大小、频率等都有着严格的规定。如果测试按照平常的速度进行，需要间隔两三分钟的时间。如果两张单据只间隔一分钟，只存在着两种可能：未按照规定检测；根本没有检测。

第三，两个不同批次的混凝土，存在着交叉检测的可能性，这原本在检测中应该坚决避免。混凝土检测，大多采取抽样的方式，一批样品检测完毕，才能检测另一批样品。嘉科提供的报

告，前后两个批次的样品存在着时间交叠的情况。

第四，同一批次的混凝土，不同的混凝土块，报告单号无法连起来。每一块混凝土在接受检测时，机器都会自动生成号码，号码应该相连。如果中间的内容缺失，便意味着机器进行了其他的检测，这并不符合规定。

显而易见，嘉科的检测过程中，存在着造假行为。

2. 案件结果

混凝土报告确实存在着造假行为，造假的原因，一是因为相关部门监管不力，错过了混凝土的检测时间，只能通过更改电脑时间的方式，伪造按时检测的证明。混凝土的检测时间应该为28 d，而实际检测时间，显然已经超过了28 d。二是一些混凝土在检测过程中发生了“意外”，为了提高合格率，相关部门便采用其他的材料，替代了混凝土，企图瞒天过海。

幸运的是，混凝土报告造假事件被及时发现。相关部门得知这一消息，紧急对港珠澳大桥香港段进行新的安全预估。结果显示，报告中涉及的有问题的混凝土占据混凝土总数的0.1%。经过专家评估，不合格的混凝土，对香港段桥梁的影响几乎可以忽略不计。与此同时，香港段桥梁的其他部分，结构完整、安全系数有保障，并没有出现任何危险迹象，可以按照原定计划施工、投入使用。

尽管不合格的混凝土是虚惊一场，这起造假案件，依旧带来了严重的后果。为了排查安全隐患，香港专门花费了近5 000万元，对桥梁进行检查。

启示：港珠澳大桥香港段插曲虽有惊无险，但是数据造假依然带来了不可挽回的损失。精益求精、实事求是应该成为每个工程师的风向标。

任务四　装配式结构工程质量控制与验收

任务导入

某项目总建筑面积为94 121.02 m²，地上建筑面积为77 333.86 m²，地下建筑面积为16 787.17 m²，车库地下一层。A28地块总共6幢保障房，由4栋27层(1#楼、2#楼、5#楼、6#楼)、1栋28层(3#楼)、1栋30层(4#楼)高层住宅及1~3层配套商业构成。预制率达20%以上，装配率达60%以上。

项目主体结构采用装配整体式剪力墙结构体系，水平构件采用预制构件，包括叠合楼板、预制阳台板及预制楼梯梯段板。东西山墙预制剪力墙采用夹心保温体系。在保证结构安全的同时，兼顾建筑保温节能要求和建筑立面艺术效果。

施工过程中采用无外模板、无外脚手架、无砌筑、无粉刷的绿色施工。建筑内部仅在预制剪力墙拼接处浇筑混凝土，模板用量及现场模板支撑与钢筋绑扎的工作量大大减少。

任务：装配式结构工程时，对预制构件和构件的安装与连接进行质量控制，并填写装配式结构工程检验批质量验收记录表。

知识储备

装配式结构连接部位及叠合构件浇筑混凝土之前，应进行隐蔽工程验收。隐蔽工程验收应包括下列主要内容：

(1)混凝土粗糙面的质量，键槽的尺寸、数量、位置；
(2)钢筋的牌号、规格、数量、位置、间距，箍筋弯钩的弯折角度及平直段长度；
(3)钢筋的连接方式、接头位置、接头数量、接头面积百分率、搭接长度、锚固方式及锚固长度；
(4)预埋件、预留管线的规格、数量、位置。

预制构件的质量检验标准见表3-29。

表3-29　预制构件质量检验标准

项	序	检查项目	质量要求	检验方法	检查数量
主控项目	1	质量	预制构件的质量应符合《混凝土结构工程施工质量验收规范》(GB 50204—2015)、国家现行有关标准的规定和设计的要求	检查质量证明文件和质量验收记录	全数检查
	2	进场时的结构性能	专业企业生产的预制构件进场时，预制构件结构性能检验应符合下列规定： (1)梁板类简支受弯预制构件进场时应进行结构性能检验； (2)对其他预制构件，除设计有专门要求外，进场时可不做结构性能检验； (3)对进场时不做结构性能检验的预制构件，应采取下列措施： 1)施工单位或监理单位代表应驻厂监督生产过程； 2)当无驻厂监督时，预制构件进场时应对其主要受力钢筋数量、规格、间距、保护层厚度及混凝土强度等进行实体检验	检查结构性能检验报告或实体检验报告	同一类型预制构件不超过1 000个为一批，每批随机抽取1个构件进行结构性能检验
	3	外观严重缺陷	外观质量不应有严重缺陷，且不应有影响结构性能和安装、使用功能的尺寸偏差	观察、尺量；检查处理记录	全数检查
	4	预埋件与预留孔洞等	预制构件上的预埋件、预留插筋、预埋管线等的规格和数量以及预留孔、预留洞的数量应符合设计要求	观察	全数检查
一般项目	1	标识	预制构件应有标识	观察	全数检查
	2	外观一般缺陷	预制构件的外观质量不应有一般缺陷	观察，检查处理记录	全数检查
	3	尺寸偏差	预制构件尺寸偏差及检验方法应符合表3-30的规定；设计有专门规定时，尚应符合设计要求。施工过程中临时使用的预埋件，其中心线位置允许偏差可取表3-30中规定数值的2倍	见表3-30	同一类型构件，不超过100个为一批，每批应抽查构件数量的5%，且不应少于3个
	4	粗糙面与键槽	预制构件的粗糙面的质量及键槽的数量应符合设计要求	观察	全数检查

表 3-30　预制构件尺寸允许偏差和检验方法

项目			允许偏差/mm	检验方法
长度	楼板、梁、柱、桁架	< 12 m	±5	尺量
		≥12 m 且 < 18 m	±10	
		≥18 m	±20	
	墙板		±4	
宽度、高(厚)度	楼板、梁、柱、桁架		±5	尺量一端及中部，取其中偏差绝对值较大处
	墙板		±4	
表面平整度	楼板、梁、柱、墙板内表面		5	2 m 靠尺和塞尺量测
	墙板外表面		3	
侧向弯曲	楼板、梁、柱		*L*/750 且≤20	拉线、直尺量测最大侧向弯曲处
	墙板、桁架		*L*/1 000 且≤20	
翘曲	楼板		*L*/750	调平尺在两端量测
	墙板		*L*/1 000	
对角线	楼板		10	尺量两个对角线
	墙板		5	
预留孔	中心线位置		5	尺量
	孔尺寸		±5	
预留洞	中心线位置		10	尺量
	洞口尺寸、深度		±10	
预埋件	预埋板中心线位置			尺量
	预埋板与混凝土面平面高差		0，−5	
	预埋螺栓		2	
	预埋螺栓外露长		+10，−5	
	预埋套筒、螺母中心线位置			
	预埋套筒、螺母与混凝土面平面高差		±5	
预留插筋	中心线位置		5	尺量
	外露长度		+10，−5	
键槽	中心线位置		5	尺量
	长度、宽		±5	
	深度		±10	

注：1. *L* 为构件长度，单位为 mm。

2. 检查中心线、螺栓和孔道位置偏差时，沿纵、横两个方向量测，并取其中偏差较大值。

预制构件质量控制与检验

安装与连接的质量检验标准见表 3-31。

表 3-31　安装与连接质量检验标准

项	序	检查项目	质量要求	检验方法	检查数量
主控项目	1	临时固定	预制构件临时固定措施应符合施工方案的要求	观察	全数检查
	2	灌浆	钢筋采用套筒灌浆连接时，灌浆应饱满、密实，其材料及连接质量应符合国家现行行业　标准《钢筋套筒灌浆连接应用技术规程》(JGJ 355—2015)的规定	检查质量证明文件及平行加工试件的检验报告	按国家现行行业标准《钢筋套筒灌浆连接应用技术规程》(JGJ 355—2015)的规定确定
	3	焊接接头	钢筋采用焊接连接时，其接头质量应符合现行行业标准《钢筋焊接及验收规程》(JGJ 18—2012)的规定	检查质量证明文件及平行加工试件的检验报告	按现行行业标准《钢筋焊接及验收规程》(JGJ 18—2012)的规定确定
	4	机械连接接头	钢筋采用机械连接时，其接头质量应符合现行行业标准《钢筋机械连接技术规程》(JGJ 107—2016)的规定	检查质量证明文件、施工记录及平行加工试件的检验报告	按现行行业标准《钢筋机械连接技术规程》(JGJ 107—2016)的规定确定
	5	材料性能及施工质量	预制构件采用焊接、螺栓连接等连接方式时，其材料性能及施工质量应符合国家现行标准《钢结构工程施工质量验收标准》(GB 50205—2020)和《钢筋焊接及验收规程》(JGJ 18—2012)的相关规定	检查施工记录及平行加工试件的检验报告	按国家现行标准《钢结构工程施工质量验收标准》(GB 50205—2020)和《钢筋焊接及验收规程》(JGJ 18—2012)的规定确定
	6	后浇混凝土强度	装配式结构采用现浇混凝土连接构件时，构件连接处后浇混凝土的强度应符合设计要求	检查混凝土强度试验报告	按表 3-23 确定
	7	严重缺陷与尺寸偏差	装配式结构施工后，其外观质量不应有严重缺陷，且不应有影响结构性能和安装、使用功能的尺寸偏差	观察，量测；检查处理记录	全数检查
一般项目	1	外观一般缺陷	装配式结构施工后，其外观质量不应有一般缺陷	观察，检查处理记录	全数检查
	2	位置和尺寸偏差	装配式结构施工后，预制构件位置、尺寸偏差及检验方法应符合设计要求；当设计无具体要求时，应符合表 3-32 的规定。预制构件与现浇结构连接部位的表面平整度应符合表 3-32 的规定	见表 3-32	按楼层、结构缝或施工段划分检验批。在同一检验批内，对梁、柱和独立基础，应抽查构件数量的 10%，且不少于 3 件；对墙和板，应按有代表性的自然间抽查 10%，且不少于 3 间；

续表

项	序	检查项目	质量要求	检验方法	检查数量
一般项目	2	位置和尺寸偏差	装配式结构施工后，预制构件位置、尺寸偏差及检验方法应符合设计要求；当设计无具体要求时，应符合表 3-32 的规定。预制构件与现浇结构连接部位的表面平整度应符合表 3-32 的规定	见表 3-32	对大空间结构，墙可按相邻轴线间高度 5 m左右划分检查面，板可按纵、横轴线划分检查面，抽查 10%，且均不少于 3 面

表 3-32　装配式结构构件位置和尺寸允许偏差及检验方法

项目			允许偏差/mm	检验方法
构件轴线位置	竖向构件(柱、墙板、桁架)		8	经纬仪及尺量
	水平构件(梁、楼板)		5	
标高	梁、柱、墙板、楼板底面或顶面		±5	水准仪或拉线、尺量
构件垂直度	柱、墙板安装后的高度	≤6 m	5	经纬仪或吊线、尺量
		>6 m	10	
构件倾斜度	梁、桁架		5	经纬仪或吊线、尺量
相邻构件平整度	梁、楼板底面	外露	3	2 m 靠尺和塞尺量测
		不外露	5	
	柱、墙板	外露	5	
		不外露	8	
构件搁置长度	梁、板		±10	尺量
支座、支垫中心位置	板、梁、柱、墙板、桁架		10	尺量
墙板接缝宽度			±5	尺量

安装与连接质量控制与检验

任务实施

任务：装配式结构工程时，对预制构件和构件的安装与连接进行质量控制，并填写装配式结构工程检验批质量验收记录表 3-33、表 3-34。

表 3-33　装配式结构预制构件检验批质量验收记录

单位(子单位)工程名称						分部(子分部)工程名称		分项工程名称		
施工单位						项目负责人		检验批容量		
分包单位						分包单位项目负责人		检验批部位		
施工依据							验收依据			
主控项目	验收项目					设计要求及规范规定	最小/实际抽样数量	检查记录		检查结果
	1						/			
	2						/			
	3						/			
	4						/			
一般项目	1						/			
	2						/			
	3						/			
	4						/			
							/			
							/			
							/			
							/			
							/			
							/			
							/			
							/			
							/			
							/			
							/			
							/			
							/			

表 3-34　装配式结构安装与连接检验批质量验收记录

单位(子单位)工程名称			分部(子分部)工程名称		分项工程名称		
施工单位			项目负责人		检验批容量		
分包单位			分包单位项目负责人		检验批部位		
施工依据				验收依据			
主控项目	验收项目		设计要求及规范规定	最小/实际抽样数量	检查记录		检查结果
	1			/			
	2			/			
	3			/			
	4			/			

续表

	验收项目		设计要求及规范规定	最小/实际抽样数量	检查记录	检查结果
主控项目	5			/		
	6			/		
	7			/		
	8			/		
一般项目	1			/		
	2			/		
				/		
				/		
				/		
				/		
				/		
				/		
				/		
				/		
				/		
				/		
				/		
				/		
				/		
施工单位检查结果	专业工长： 项目专业质量检查员： 年　月　日					
监理(建设)单位验收结论	专业监理工程师： (建设单位项目专业技术负责人) 年　月　日					

拓展训练

某项目占地面积为 81 378. 8 m^2，建筑面积为 557 314 m^2，意旨营造一种新的生活理念，建造更节能、环保的高品质建筑，满足生活舒适需求的全生命周期长寿园区。2#3#楼建筑节能率达 55. 3%，获取了三星级绿色建筑设计标识认证；10#楼获取了一星级绿色建筑设计标识认证。17#楼采用全 PC 框架－核心筒体系，装配率达 65%；4#7#10#楼首次研发超 80 m 限高工业化体系，并成功通过专家认证，单体装配率 27%；2#3#楼单体装配率 38%。

问题：

1. 如何理解PC结构？PC结构的主要特点有哪些？
2. 简述建筑绿色化发展的背景和意义？

拓展训练答案

钢结构工程质量控制与检验

育人案例

雄安市民服务中心

雄安市民服务中心位于雄安新区容城东部小白塔及马庄村界内，总建筑面积为9.96万m^2，规划总用地24.24公顷，项目总投资约为8亿元。作为雄安新区第一个基础设施项目，建成后将承担雄安新区的规划展示、政务服务、会议举办、企业办公等多项功能。

(1)规划起点高。模块化设计、装配式建造、节能低碳、“海绵城市”等许多新理念在项目得到应用。整个项目工期比传统模式缩短40%，建筑垃圾比传统建筑项目减少80%以上。

(2)建设标准高。全过程的质量可追溯系统，BIM技术应用于建设管理，智慧工地、智慧运营等数字化管理系统在项目中得到实际应用。

(3)投资建设运营模式新。采用的是国内首例联合投资人模式。中建联合体作为项目的联合投资人，负责项目的投资—建设—运营全链条业务，打破了“投资人不管建设、建设者不去使用”的传统模式。

雄安市民服务中心建设

该项目是雄安新区面向全国乃至世界的窗口，是雄安新区功能定位与发展理念的率先呈现。本项目创造了全新的“雄安速度”。4天完成3 100 t基础钢筋的安装；5天完成建设现场临建布置；7天完成12万m^3土方开挖；10天完成3.55万m^3基础混凝土浇筑；12天完成现场临时办公、生活搭建；25天完成1.22万t钢构件安装；40天项目7个钢结构单体全面封顶。

任务五　砌体工程质量控制与验收

任务导入

工程实例中教学楼工程围护分隔墙体材料要求如下：

(1)围护分隔墙体材料采用混凝土砌块。±0.000以下墙体采用混凝土实心砌块；±0.000以上墙体采用混凝土空心砌块。

(2)混凝土砌块基本尺寸为290 mm、190 mm、90 mm，标注分别为300 mm、200 mm、100 mm，有关具体构造及施工要求详见产品厂家说明。

(3)200 mm厚围护分隔墙(砌)体的计权隔声量不得小于40 dB。

任务：围护分隔墙体施工时，对其质量进行控制，并填写填充墙砌体工程检验批质量验收记录表。

知识储备

填充墙砌体工程质量控制与检验

砌筑填充墙时，轻骨料混凝土小型空心砌块和蒸压加气混凝土砌块的产品龄期不应小于28 d，蒸压加气混凝土砌块的含水率宜小于30%。烧结空心砖、蒸压加气混凝土砌块、轻骨料混凝土小型空心砌块等的运输、装卸过程中，严禁抛掷和倾倒；进场后应按品种、规格分别堆放整齐，堆置高度不宜超过2 m。蒸压加气混凝土砌块在运输及堆放中应防止雨淋。

吸水率较小的轻骨料混凝土小型空心砌块及采用薄灰砌筑法施工的蒸压加气混凝土砌块，砌筑前不应对其浇(喷)水湿润；在气候干燥炎热的情况下，对吸水率较小的轻骨料混凝土小型空心砌块宜在砌筑前喷水湿润。采用普通砌筑砂浆砌筑填充墙时，烧结空心砖、吸水率较大的轻骨料混凝土小型空心砌块应提前1～2 d浇(喷)水湿润。蒸压加气混凝土砌块采用蒸压加气混凝土砌块砌筑砂浆或普通砌筑砂浆砌筑时，应在砌筑当天对砌块砌筑面喷水湿润。块体湿润程度宜符合下列规定：

(1)烧结空心砖的相对含水率60%～70%；

(2)吸水率较大的轻骨料混凝土小型空心砌块、蒸压加气混凝土砌块的相对含水率40%～50%。

在厨房、卫生间、浴室等处采用轻骨料混凝土小型空心砌块、蒸压加气混凝土砌块砌筑墙体时，墙底部宜现浇混凝土坎台，其高度宜为150 mm。

填充墙其他砌筑，应待承重主体结构检验批验收合格后进行。填充墙与承重主体结构间的空(缝)隙部位施工，应在填充墙砌筑14 d后进行。

填充墙砌体工程的质量检验标准见表3-35。

表3-35 填充墙砌体工程质量检验标准

项	序	检查项目	质量要求	检验方法	检查数量
主控项目	1	烧结空心砖、小砌块和砌筑砂浆的强度等级	应符合设计要求	检查砖、小砌块进场复验报告和砂浆试块试验报告	烧结空心砖每10万块为一验收批，小砌块每1万块为一验收批，不足上述数量时按一批计，抽检数量为1组。砂浆试块的抽检数量按砌筑砂浆“检验批施工质量验收”执行
	2	连接构造	填充墙砌体应与主体结构可靠连接，其连接构造应符合设计要求，未经设计同意，不得随意改变连接构造方法。每一填充墙与柱的拉结筋的位置超过一皮块体高度的数量不得多于一处	观察检查	每检验批抽查不应少于5处
	3	连接钢筋	填充墙与承重墙、柱、梁的连接钢筋，当采用化学植筋的连接方式时，应进行实体检测。锚固钢筋拉拔试验的轴向受拉非破坏承载力检验值应为6.0 kN。抽检钢筋在检验值作用下应基材无裂缝、钢筋无滑移宏观裂损现象；持荷2 min期间荷载值降低不大于5%	原位试验检查	按表3-36确定

续表

项	序	检查项目	质量要求	检验方法	检查数量
一般项目	1	填充墙砌体尺寸、位置的允许偏差	填充墙砌体尺寸、位置的允许偏差及检验方法应符合表3-37的规定	见表3-37	每检验批抽查不应少于5处
	2	砂浆饱满度	填充墙砌体的砂浆饱满度及检验方法应符合表3-38的规定	见表3-38	
	3	拉结钢筋或网片位置	填充墙留置的拉结钢筋或网片的位置应与块体皮数相符合。拉结钢筋或网片应置于灰缝中，埋置长度应符合设计要求，竖向位置偏差不应超过一皮高度	观察和用尺量检查	
	4	错缝搭砌	砌筑填充墙时应错缝搭砌，蒸压加气混凝土砌块搭砌长度不应小于砌块长度的1/3；轻骨料混凝土小型空心砌块搭砌长度不应小于90 mm；竖向通缝不应大于2皮	观察检查	
	5	灰缝厚度与宽度	填充墙的水平灰缝厚度和竖向灰缝宽度应正确，烧结空心砖、轻骨料混凝土小型空心砌块砌体的灰缝应为8～12 mm；蒸压加气混凝土砌块砌体当采用水泥砂浆、水泥混合砂浆或蒸压加气混凝土砌块砌筑砂浆时，水平灰缝厚度和竖向灰缝宽度不应超过15 mm；当蒸压加气混凝土砌块砌体采用蒸压加气混凝土砌块粘结砂浆时，水平灰缝厚度和竖向灰缝宽度宜为3～4 mm	水平灰缝厚度用尺量5皮小砌块的高度折算；竖向灰缝宽度用尺量2 m砌体长度折算	

表3-36 检验批抽检锚固钢筋样本最小容量

检验批的容量	样本最小容量	检验批的容量	样本最小容量
≤90	5	281～500	20
91～150	8	501～1 200	32
151～280	13	1 201～3 200	50

表 3-37　填充墙砌体尺寸、位置的允许偏差及检验方法

项次	项目		允许偏差/mm	检验方法
1	轴线位移		10	用尺检查
2	垂直度（每层）	≤3 m	5	用 2 m 托线板或吊线、尺检查
		>3 m	10	
3	表面平整度		8	用 2 m 靠尺和楔形尺检查
4	门窗洞口高、宽（后塞口）		±10	用尺检查
5	外墙上、下窗口偏移		20	用经纬仪或吊线检查

表 3-38　填充墙砌体的砂浆饱满度及检验方法

砌体分类	灰缝	饱满度及要求	检验方法
空心砖砌体	水平	≥80%	采用百格网检查块体底面或侧面砂浆的粘结痕迹面积
	垂直	填满砂浆、不得有透明缝、瞎缝、假缝	
蒸压加气混凝土砌块、轻骨料混凝土小型空心砌块砌体	水平	≥80%	
	垂直		

任务实施

任务：二次结构施工时，对填充墙砌体工程进行质量控制，并填写填充墙砌体工程检验批质量验收记录表 3-39。

表 3-39　填充墙砌体工程检验批质量验收记录

单位（子单位）工程名称			分部（子分部）工程名称		分项工程名称	
施工单位			项目负责人		检验批容量	
分包单位			分包单位项目负责人		检验批部位	
施工依据				验收依据		
	验收项目		设计要求及规范规定	最小/实际抽样数量	检查记录	检查结果
主控项目	1			/		
				/		
	2			/		
	3			/		
一般项目	1			/		
				/		
				/		
				/		
				/		
				/		
	2			/		
				/		
				/		

续表

一般项目	3			/		
				/		
	4			/		
	5			/		
				/		
施工单位 检查结果	专业工长： 项目专业质量检查员： 年　月　日					
监理(建设)单位 验收结论	专业监理工程师： (建设单位项目专业技术负责人) 年　月　日					

拓展训练

某办公楼工程，建筑面积为23 723 m^2，框架－剪力墙结构，地下1层，地上12层，首层高为4.8 m，标准层高为3.6 m。顶层房间为轻钢龙骨纸面石膏板吊顶，工程结构施工采用外双排落地脚手架。工程于2018年6月15日开工，计划竣工日期为2020年5月1日。

事件一： 2019年5月20日7时30分左右，因通道和楼层自然采光不足，瓦工陈某不慎从9层未设门槛的管道井坠落至地下一层混凝土底板上，当场死亡。

事件二： 在检查第5、6层填充墙砌体时，发现梁底位置都出现水平裂缝。

拓展训练答案

问题：

1. 本工程结构施工脚手架是否需要编制专项施工方案？说明理由。
2. 脚手架专项施工方案的内容应有哪些？
3. 事件一中，分析导致这起事故发生的主要原因是什么？
4. 对落地的竖向洞口应采用哪些方式加以防护？
5. 分析事件二中，第5、6层填充墙砌体出现梁底水平裂缝的原因，并提出预防措施。

砌体工程
基本规定

砌筑砂浆
质量控制与检验

砖砌体工程
质量控制与检验

混凝土小型空心砌块
砌体工程质量控制与检验

石砌体工程
质量控制与检验

冬期施工
质量控制与检验

育人案例

8·8明秦王府城墙坍塌事故

明秦王府始建于明洪武四年(1371 年)，是朱元璋次子朱樉的王府，原址位于现西安市新城广场。清军入陕后，拆除东、西、南三门及府内建筑，府城成为八旗军习武校场，目前仅存部分夯土墙。2003 年 9 月被公布为第四批陕西省文保单位。

事故背景

2020 年 8 月 8 日上午 9 点半左右，陕西省西安市明秦王府一处城墙遗址坍塌。坍塌的城墙长约为 10 m，最深处可达 5 m 左右。现场一辆公交车、三辆私家车受损，有四名群众被坍塌时溅起的砖石擦伤。

经专家现场勘察，判定明秦王府城墙遗址南墙西段修复保护砌体全长约为 130 m，坍塌部分长约为 20 m，坍塌原因为近期连续大雨所致。

启示：砌体工艺源远流长，很多建筑都已成为我国的保护文物。在世界建筑文化长河中，大大增强了我国的文化自信。

职业链接

一、单项选择题

1. 钢筋调直后应进行力学性能和(　　)的检验，其强度应符合有关标准的规定。

A. 重量偏差　　B. 直径　　C. 圆度　　D. 外观

2. 型式检验是(　　)的检验。

A. 生产者控制质量　　B. 厂家产品出厂　　C. 现场抽检　　D. 现场复验

3. 结构混凝土中氯离子含量系指其占(　　)的百分比。

A. 水泥用量　　B. 粗骨料用量　　C. 细骨料用量　　D. 混凝土重量

4. 结构实体混凝土强度通常(　　)标准养护条件下的混凝土强度。

A. 高于　　B. 等于　　C. 低于　　D. 大于等于

5. 当混凝土强度等级为 C30，纵向受力钢筋采用 HRB335 级，且绑扎接头面积百分率不大于 25%，其最小搭接长度应为(　　)d。

A. 45　　B. 35　　C. 30　　D. 25

6. “通缝”是指砌体中上下两砖搭接长度小于(　　)mm 的部位。

A. 20　　B. 25　　C. 30　　D. 50

7. 砌体工程中宽度超过(　　)mm 的洞口上部，应设置过梁。

A. 300　　B. 400　　C. 500　　D. 800

8. 水泥砂浆应用机械搅拌，严格控制水胶比，搅拌时间不应少于(　　)min，随拌随用。

A. 1　　B. 1. 5　　C. 2　　D. 2

9. 抗滑移系数试验用的试件(　　)加工。

A. 由制造厂　　B. 现场　　C. 供应商　　D. 检测单位

10. 高强度螺栓的初拧、复拧、终拧应在(　　)完成。

A. 4 小时　　B. 同一天　　C. 两天内　　D. 三天内

二、多项选择题

1. 钢筋混凝土用热轧带肋钢筋，钢筋的力学性能包括(　　)。

A. 屈服强度　　B. 伸长率　　C. 极限强度　　D. 弯曲性能　　E. 冷弯

2. 模板及其支架应具有足够的(　　)。

A. 弹性　　B. 刚度　　C. 稳定性　　D. 强度　　E. 承载能力

3. 预应力筋进场时，应对其(　　)进行检查。

A. 生产许可证　　B. 产品合格证　　C. 出厂检验报告　　D. 进货证明　　E. 进场复验报告

4. 砌筑砂浆(　　)必须同时符合要求。

A. 稠度　　B. 分层度　　C. 试配抗压强度　　D. 泌水　　E. 抗压强度

5. 高强度螺栓连接副是指(　　)的总称。

A. 高强度螺栓　　B. 螺母　　C. 垫圈　　D. 锚件　　E. 连接件

三、案例题

1. 某三层砖混结构教学楼的2楼悬挑阳台突然断裂，阳台悬挂在墙面上。幸好是在夜间发生，没有人员伤亡。经事故调查和原因分析发现，造成该质量事故的主要原因是事故队伍素质差，在施工时将本应放在上部的受拉钢筋放在了阳台板的下部，使得悬臂结构受拉区无钢筋而产生脆性破坏。

问题：

(1)如果该工程施工过程中实施了工程监理，监理单位对该起质量事故是否应承担责任？为什么？

(2)钢筋工程隐蔽验收的要点有哪些？

(3)项目质量因素的“4M1E”是指哪些因素？

2. 某公司(甲方)办公楼工程，地下1层，地上9层，总建筑面积为33 000 m^2，箱形基础，框架－剪力墙结构。该工程位于某居民区，现场场地狭小。施工单位(乙方)为了能在冬季前竣工，采用了夜间施工的赶工方式，居民对此意见很大。施工中为缩短运输时间和运输费用，土方队24 h作业，其出入现场的车辆没有毡盖，在回填时把现场一些废弃物直接用作土方回填。工程竣工后，乙方向甲方提交了竣工报告，甲方为尽早使用，还没有组织验收便提前进住。使用中，公司发现教学楼存在质量问题，要求承包方修理。承包方则认为工程未经验收，发包方提前使用出现质量问题，承包商不再承担责任。

问题：

(1)依据有关法律法规，该质量问题的责任由谁承担？

(2)文明施工在对现场周围环境和居民服务方面有何要求？

(3)试述单位工程质量验收的内容。

(4)防治混凝土蜂窝、麻面的主要措施有哪些？

职业链接答案

项目四

屋面工程

学习目标

【知识目标】

1. 了解屋面工程施工质量控制要点；
2. 熟悉屋面工程施工验收标准、验收内容；
3. 掌握屋面工程验收方法。

【能力目标】

1. 能控制屋面工程的质量；
2. 能对屋面工程进行质量验收。

【素养目标】

1. 具备精益求精的工匠精神；
2. 具备社会责任精神；
3. 具备发现问题、解决问题的能力。

项目导学

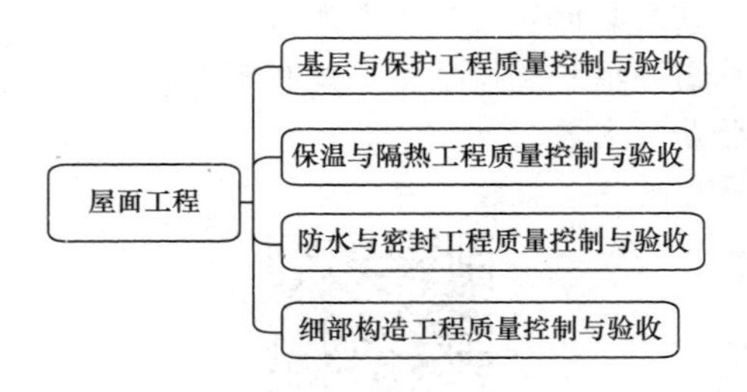

任务一　基层与保护工程质量控制与验收

任务导入

工程实例中教学楼屋面防水等级为二级，要求两道防水设防，防水材料按《屋面工程技术规范》(GB 50345—2012)选择。防水材料为聚合物水泥防水涂料 RG 和卷材各一道，施工要求详见生产厂家相关说明书。相关技术指标、技术要求及保护措施均应满足国家有关规范、标准、规程、规定的要求，并由生产厂家负责。屋面女儿墙转折处、雨水口及其他阴阳角处等重点防水部位应附加卷材一层，其基层抹面应做成圆角 $R = 100$。

所有混凝土构件内预埋雨水口及排水管的标高及位置务必找准，在施工中严防杂物进入。屋面排水坡度为3%，靠近雨水口处坡度应加大为5%。

屋面保温材料选用阻燃岩棉板 120 mm 厚，其导热系数应不大于 0.045W/(m^2·K)。屋面保温层与垂直墙间留 30 mm 宽空隙，内填沥青麻丝。

隔汽层刷乳化沥青一道，在用水房间处应加铺薄型卷材一道，并按其平面位置四周延出 500 mm。

各部位屋面构造详见表 4-1。

表 4-1　屋面构造表

屋面 1： 卷材防水保温 上人平屋面	1. 300 mm×300 mm×30 mm C20 细石混凝土板，1∶3 水泥砂浆铺贴 20 mm 厚，1∶2.5水泥砂浆勾缝 2. 聚合物水泥防水涂料、防水卷材各一道 3. 1∶3 水泥砂浆找平 25 mm 厚，每隔 3 000 mm×4 000 mm 留缝 20 mm宽，油膏嵌缝 4. 1∶6 水泥炉渣找坡，最薄处 30 mm 厚 5. 防潮岩棉板保温层 120 mm 厚 6. 冷底子油隔汽层一道(卫生间、盥洗室处设隔汽层附加薄型卷材一道，按平面位置向四周外延 500 mm) 7. 20 mm 厚 1∶3 水泥砂浆找平 8. 刷素水泥浆一道 9. 现浇钢筋混凝土屋面板	使用部位	五层顶
屋面 2： 卷材防水保温 非上人屋面	1. 彩砂保护层 2. 聚合物水泥防水涂料、防水卷材各一道 3. 1∶3 水泥砂浆找平 40 mm 厚，每隔 3 000 mm×4 000 mm 留缝 20 mm，油膏嵌缝 4. 1∶6 水泥炉渣找坡，最薄处 30 mm 厚 5. 防潮岩棉板保温层 120 mm 厚 6. 冷底子油隔汽层一道(卫生间、盥洗室处设隔汽层附加薄型卷材一道，按平面位置向四周外延 500 mm) 7. 20 mm 厚 1∶3 水泥砂浆找平 8. 刷素水泥浆一道 9. 现浇钢筋混凝土屋面板	使用部位	除屋面 1 和屋面 3 的所有屋面

续表

屋面3： 卷材防水 非上人屋面	1. 彩砂保护层 2. 聚合物水泥防水涂料、防水卷材各一道 3. 1∶3 水泥砂浆找平 25 mm 厚，每隔 3 000 mm × 4 000 mm 留缝 20 mm 宽，油膏嵌缝 4. 1∶6 水泥炉渣找坡，最薄处 30 mm 厚 5. 20 mm 厚 1∶3 水泥砂浆找平 6. 刷素水泥浆一道 7. 现浇钢筋混凝土屋面板	使用部位	雨篷

任务： 屋面工程施工时，对基层与保护工程进行质量控制，并填写基层与保护工程检验批质量验收记录表。

知识储备

屋面找坡应满足设计排水坡度要求，结构找坡不应小于 3%，材料找坡宜为 2%；檐沟、天沟纵向找坡不应小于 1%，沟底水落差不得超过 200 mm。

一、找坡层和找平层

找坡层和找坡层质量控制与检验

找坡层宜采用轻骨料混凝土；找坡材料应分层铺设和适当压实，表面应平整。找平层宜采用水泥砂浆或细石混凝土；找平层的抹平工序应在初凝前完成，压光工序应在终凝前完成，终凝后应进行养护。找平层分格缝纵横间距不宜大于 6 m，分格缝的宽度宜为 5 ~ 20 mm。

找坡层和找平层质量检验标准见表 4-2。

表 4-2　找坡层和找平层质量检验标准

项	序	项目	检验标准及要求	检验方法	检查数量
主控项目	1	材料质量及配合比	应符合设计要求	检查出厂合格证、质量检验报告和计量措施	应按屋面面积每 100 m^2 抽查一处，每处应为 10 m^2，且不得少于 3 处
	2	排水坡度		坡度尺检查	
一般项目	1	表面质量	找平层应抹平、压光，不得有酥松、起砂、起皮现象	观察检查	
	2	交接处与转角处	卷材防水层的基层与凸出屋面结构的交接处，以及基层的转角处，找平层应做成圆弧形，且应整齐平顺		
	3	分格缝	找平层分格缝的宽度和间距，均应符合设计要求	观察和尺量检查	
	4	表面平整度	找坡层表面平整度的允许偏差为 7 mm，找平层表面平整度的允许偏差为 5 mm	2 m 靠尺和塞尺检查	

二、隔汽层和隔离层

隔汽层和隔离层质量控制与检验

隔汽层的基层应平整、干净、干燥。隔汽层应设置在结构层与保温层之间；隔汽层应选用气密性、水密性好的材料。在屋面与墙的连接处，隔汽层应沿墙面向上连续铺设，高出保温层上表面不得小于 150 mm。隔汽层采用卷材时宜空铺，卷材搭接缝应满粘，其搭接宽度不应小于 80 mm；隔汽层采用涂料时，应涂刷均匀。穿过隔汽层的管线周围应封严，转角处应无折损；隔汽层凡有缺陷或破损的部位，均应进行返修。

隔汽层质量检验标准见表 4-3。

表 4-3　隔汽层质量检验标准

项	序	项目	检验标准及要求	检验方法	检查数量
主控项目	1	材料质量	应符合设计要求	检查出厂合格证、质量检验报告和进场检验报告	应按屋面面积每100 m^2 抽查一处，每处应为10 m^2，且不得少于3处
	2	表面质量	不得有破损现象	观察检查	
一般项目	1	卷材隔汽层	应铺设平整，卷材搭接缝应粘结牢固，密封应严密，不得有扭曲、皱折和起泡等缺陷		
	2	涂膜隔汽层	应粘结牢固，表面平整，涂布均匀，不得有堆积、起泡和露底等缺陷		

块体材料、水泥砂浆或细石混凝土保护层与卷材、涂膜防水层之间，应设置隔离层。隔离层可采用干铺塑料膜、土工布、卷材或铺抹低强度等级砂浆。

隔离层质量检验标准见表 4-4。

表 4-4　隔离层质量检验标准

项	序	项目	检验标准及要求	检验方法	检查数量
主控项目	1	材料质量及配合比	应符合设计要求	检查出厂合格证和计量措施	同找平层和找坡层
	2	表面质量	不得有破损和漏铺现象	观察检查	
一般项目	1	铺设与搭接	塑料膜、土工布、卷材应铺设平整，其搭接宽度不应小于50 mm，不得有皱折	观察和尺量检查	
	2	砂浆表面	低强度等级砂浆表面应压实、平整，不得有起壳、起砂现象	观察检查	

三、保护层

防水层上的保护层施工，应待卷材铺贴完成或涂料固化成膜，并经检验合格后进行。用块体材料做保护层时，宜设置分格缝，分格缝纵横间距不应大于 10 m，分格缝宽度宜为 20 mm；

用水泥砂浆做保护层时，表面应抹平压光，并应设表面分格缝，分格面积宜为 1 m^2；用细石混凝土做保护层时，混凝土应振捣密实，表面应抹平压光，分格缝纵横间距不应大于 6 m，分格缝的宽度宜为 10～20 mm。块体材料、水泥砂浆或细石混凝土保护层与女儿墙和山墙之间，应预留宽度为 30 mm 的缝隙，缝内宜填塞聚苯乙烯泡沫塑料，并应用密封材料嵌填密实。

保护层质量控制与检验

保护层质量检验标准见表 4-5。

表 4-5　保护层质量检验标准

项	序	项目	检验标准及要求	检验方法	检查数量
主控项目	1	材料的质量及配合比	应符合设计要求	检查出厂合格证、质量检验报告和计量措施	同找平层和找坡层
	2	强度等级	块体材料、水泥砂浆或细石混凝土保护层的强度等级，应符合设计要求	检查块体材料、水泥砂浆或混凝土抗压强度试验报告	
	3	排水坡度	应符合设计要求	坡度尺检查	
一般项目	1	块体材料保护层表面质量	块体材料保护层表面应干净，接缝应平整，周边应顺直，镶嵌应正确，应无空鼓现象	小锤轻击和观察检查	
	2	水泥砂浆、细石混凝土保护层表面质量	水泥砂浆、细石混凝土保护层不得有裂纹、脱皮、麻面和起砂等现象	观察检查	
	3	浅色涂料表面质量	浅色涂料应与防水层粘结牢固，厚薄应均匀，不得漏涂		
	4	允许偏差和检验方法	应符合表 4-6 的规定	见表 4-6	

表 4-6　保护层的允许偏差和检验方法

项目	允许偏差/mm			检验方法
	块体材料	水泥砂浆	细石混凝土	
表面平整度	4.0	4.0	5.0	2 m 靠尺和塞尺检查
缝格平直	3.0	3.0	3.0	拉线和尺量检查
接缝高低差	1.5	—	—	直尺和塞尺检查
板块间隙宽度	2.0	—	—	尺量检查
保护层厚度	设计厚度的 10%，且不得大于 5 mm			钢针插入和尺量检查

任务实施

任务： 屋面工程施工时，对基层与保护工程进行质量控制，并填写基层与保护工程检验批质量验收记录表 4-7～表 4-10。

表 4-7　找坡层和找平层检验批质量验收记录

<table>
<tr><td colspan="3">单位（子单位）工程名称</td><td></td><td>分部（子分部）工程名称</td><td></td><td>分项工程名称</td><td></td></tr>
<tr><td colspan="3">施工单位</td><td></td><td>项目负责人</td><td></td><td>检验批容量</td><td></td></tr>
<tr><td colspan="3">分包单位</td><td></td><td>分包单位项目负责人</td><td></td><td>检验批部位</td><td></td></tr>
<tr><td colspan="3">施工依据</td><td colspan="2"></td><td>验收依据</td><td colspan="2"></td></tr>
<tr><td colspan="4">验收项目</td><td>设计要求及规范规定</td><td>最小/实际
抽样数量</td><td>检查记录</td><td>检查结果</td></tr>
<tr><td rowspan="2">主控项目</td><td>1</td><td colspan="2"></td><td></td><td>/</td><td></td><td></td></tr>
<tr><td>2</td><td colspan="2"></td><td></td><td>/</td><td></td><td></td></tr>
<tr><td>一般项目</td><td>1</td><td colspan="2"></td><td></td><td>/</td><td></td><td></td></tr>
<tr><td colspan="3">施工单位
检查结果</td><td colspan="5">专业工长：
项目专业质量检查员：
年　月　日</td></tr>
<tr><td colspan="3">监理（建设）单位
验收结论</td><td colspan="5">专业监理工程师：
（建设单位项目专业技术负责人）
年　月　日</td></tr>
</table>

表 4-8　隔离层检验批质量验收记录

<table>
<tr><td colspan="3">单位（子单位）工程名称</td><td></td><td>分部（子分部）工程名称</td><td></td><td>分项工程名称</td><td></td></tr>
<tr><td colspan="3">施工单位</td><td></td><td>项目负责人</td><td></td><td>检验批容量</td><td></td></tr>
<tr><td colspan="3">分包单位</td><td></td><td>分包单位项目负责人</td><td></td><td>检验批部位</td><td></td></tr>
<tr><td colspan="3">施工依据</td><td colspan="2"></td><td>验收依据</td><td colspan="2"></td></tr>
<tr><td rowspan="3">主控项目</td><td colspan="3">验收项目</td><td>设计要求及
规范规定</td><td>最小/实际
抽样数量</td><td>检查记录</td><td>检查结果</td></tr>
<tr><td>1</td><td colspan="2"></td><td></td><td>/</td><td></td><td></td></tr>
<tr><td>2</td><td colspan="2"></td><td></td><td>/</td><td></td><td></td></tr>
<tr><td rowspan="2">一般项目</td><td>1</td><td colspan="2"></td><td></td><td>/</td><td></td><td></td></tr>
<tr><td>2</td><td colspan="2"></td><td></td><td>/</td><td></td><td></td></tr>
<tr><td colspan="3">施工单位
检查结果</td><td colspan="5">专业工长：
项目专业质量检查员：
年　月　日</td></tr>
<tr><td colspan="3">监理（建设）单位
验收结论</td><td colspan="5">专业监理工程师：
（建设单位项目专业技术负责人）
年　月　日</td></tr>
</table>

表 4-9　隔汽层检验批质量验收记录

<table>
<tr><td colspan="3">单位(子单位)工程名称</td><td></td><td>分部(子分部)工程名称</td><td></td><td>分项工程名称</td><td></td></tr>
<tr><td colspan="3">施工单位</td><td></td><td>项目负责人</td><td></td><td>检验批容量</td><td></td></tr>
<tr><td colspan="3">分包单位</td><td></td><td>分包单位项目负责人</td><td></td><td>检验批部位</td><td></td></tr>
<tr><td colspan="3">施工依据</td><td colspan="2"></td><td>验收依据</td><td colspan="2"></td></tr>
<tr><td rowspan="3">主控项目</td><td colspan="3">验收项目</td><td>设计要求及
规范规定</td><td>最小/实际
抽样数量</td><td>检查记录</td><td>检查结果</td></tr>
<tr><td>1</td><td colspan="2"></td><td></td><td>/</td><td></td><td></td></tr>
<tr><td>2</td><td colspan="2"></td><td></td><td>/</td><td></td><td></td></tr>
<tr><td rowspan="2">一般项目</td><td>1</td><td colspan="2"></td><td></td><td>/</td><td></td><td></td></tr>
<tr><td>2</td><td colspan="2"></td><td></td><td>/</td><td></td><td></td></tr>
<tr><td colspan="3">施工单位
检查结果</td><td colspan="5">专业工长：
项目专业质量检查员：
年　月　日</td></tr>
<tr><td colspan="3">监理(建设)单位
验收结论</td><td colspan="5">专业监理工程师：
(建设单位项目专业技术负责人)
年　月　日</td></tr>
</table>

表 4-10　保护层检验批质量验收记录

<table>
<tr><td colspan="3">单位(子单位)工程名称</td><td></td><td colspan="3">分部(子分部)工程名称</td><td></td><td>分项工程名称</td><td></td></tr>
<tr><td colspan="3">施工单位</td><td></td><td colspan="3">项目负责人</td><td></td><td>检验批容量</td><td></td></tr>
<tr><td colspan="3">分包单位</td><td></td><td colspan="3">分包单位项目负责人</td><td></td><td>检验批部位</td><td></td></tr>
<tr><td colspan="3">施工依据</td><td colspan="4"></td><td>验收依据</td><td colspan="2"></td></tr>
<tr><td rowspan="4">主控项目</td><td colspan="3">验收项目</td><td colspan="3">设计要求及
规范规定</td><td>最小/实际
抽样数量</td><td>检查记录</td><td>检查结果</td></tr>
<tr><td>1</td><td colspan="2"></td><td colspan="3"></td><td>/</td><td></td><td></td></tr>
<tr><td>2</td><td colspan="2"></td><td colspan="3"></td><td>/</td><td></td><td></td></tr>
<tr><td>3</td><td colspan="2"></td><td colspan="3"></td><td>/</td><td></td><td></td></tr>
<tr><td rowspan="9">一般项目</td><td>1</td><td colspan="2"></td><td colspan="3"></td><td>/</td><td></td><td></td></tr>
<tr><td>2</td><td colspan="2"></td><td colspan="3"></td><td>/</td><td></td><td></td></tr>
<tr><td>3</td><td colspan="2"></td><td colspan="3"></td><td>/</td><td></td><td></td></tr>
<tr><td rowspan="6">4</td><td rowspan="6"></td><td></td><td></td><td></td><td></td><td></td><td></td><td></td></tr>
<tr><td></td><td colspan="3"></td><td>/</td><td></td><td></td></tr>
<tr><td></td><td colspan="3"></td><td>/</td><td></td><td></td></tr>
<tr><td></td><td colspan="3"></td><td>/</td><td></td><td></td></tr>
<tr><td></td><td colspan="3"></td><td>/</td><td></td><td></td></tr>
<tr><td></td><td colspan="3"></td><td>/</td><td></td><td></td></tr>
</table>

续表

施工单位 检查结果	专业工长： 项目专业质量检查员： 年　月　日
监理（建设）单位 验收结论	专业监理工程师： （建设单位项目专业技术负责人） 年　月　日

拓展训练

某公共建筑工程，建筑面积为22 000 m^2，地下2层，地上5层，层高为3.2 m，钢筋混凝土框架结构，大堂1~3层中空，大堂顶板为钢筋混凝土井字梁结构，屋面为女儿墙，屋面防水材料采用SBS卷材，某施工总承包单位承担施工任务。

找平层采用石灰砂浆，初凝后进行抹平施工，终凝后进行压光施工，压光后开始养护。找平层分格缝纵横向间距均为8 m，宽度为25 mm。施工后发现找平层出现空鼓、开裂现象。

拓展训练答案

问题：

1. 找平层施工是否正确，说明理由。
2. 找平层分格缝设置是否正确，为什么？
3. 简述找平层出现空鼓、开裂的原因及预防措施。

育人案例

某工程屋面渗漏

某工程公司于1999年施工的某市电子陶瓷总厂住宅楼，四个单元，每个单元两户。屋面防水采用SBS改性沥青铝铂防水，2000年夏季发现住宅楼屋面漏水，造成八户居民室内渗漏水严重，室内用品浸湿，将地板泡起，造成了十五万多元的经济损失。

事故原因

（1）屋面找平层的分格缝，未按照标准要求6 m设置，而是达到9 m左右，深度应为找平层厚度，实际上有的部位未与保温.找坡层贯通而形成无缝状态，在温度效应作用下产生水平推力，将檐口向外推移5~20 mm（檐口下抹灰层局部开裂，脱落，在防水层处理之后进行了维修），造成了屋面找平层、防水层在薄弱部位形成裂缝，产生渗漏现象。

（2）个别的出屋面管道与屋面防水层之间产生脱离，在此缝隙中漏水而形成渗漏，主要是由于施工人员素质低下未能按照标准要求进行施工。

启示：通过此次事故我们应该吸取教训，应该严格地按照规范施工，抓好质量，搞好现场管理，减少不必要的经济损失。如果一开始能够按要求施工就不会出现问题、不会造成经济损失。从小的方面说工程质量是企业发展的基石，是企业立足市场的筹码。从大的方面说工程质量关乎民族的素质，国家的命运。我国建筑企业生产的一些高质量重大工程让全世界瞩目，如北京鸟巢、水立方、杭州湾跨海大桥等这些伟大工程的建造，彰显了中国建筑业的成熟和杰出能力。中国质量、中国速度被世界称赞。

任务二　保温与隔热工程质量控制与验收

任务导入

工程实例中教学楼屋面防水等级为二级，要求两道防水设防，防水材料按《屋面工程技术规范》(GB 50345—2012)选择。防水材料为聚合物水泥防水涂料RG和卷材各一道，施工要求详见生产厂家相关说明书。相关技术指标、技术要求及保护措施均应满足国家有关规范、标准、规程、规定的要求，并由生产厂家负责。屋面女儿墙转折处、雨水口及其他阴阳角处等重点防水部位应附加卷材一层，其基层抹面应做成圆角 $R=100$。

所有混凝土构件内预埋雨水口及排水管的标高及位置务必找准，在施工中严防杂物进入。屋面排水坡度为3%，靠近雨水口处坡度应加大为5%；屋面排水方向及方式详见屋面排水示意图。

屋面保温材料选用阻燃岩棉板120 mm厚，其导热系数应不大于0.045W/($m^2\cdot K$)。屋面保温层与垂直墙间留30 mm宽空隙，内填沥青麻丝。

隔汽层刷乳化沥青一道，在用水房间处应加铺薄型卷材一道，并按其平面位置四周延出500 mm。

各部位屋面构造详见屋面构造表(表4-1)。

任务：屋面工程施工时，对保温与隔热工程进行质量控制，并填写保温与隔热工程检验批质量验收记录表。

知识储备

铺设保温层的基层应平整、干燥和干净。保温材料在施工过程中应采取防潮、防水和防火等措施。保温材料的导热系数、表观密度或干密度、抗压强度或压缩强度、燃烧性能，必须符合设计要求。种植、架空、蓄水隔热层施工前，防水层均应验收合格。

一、保温工程

1. 板状材料保温层

(1)采用干铺法施工时，板状保温材料应紧靠在基层表面上，应铺平垫稳；分层铺设的板块上下层接缝应相互错开，板间缝隙应采用同类材料的碎屑嵌填密实。

板状材料保温层质量控制与检验

(2)采用粘贴法施工时，胶粘剂应与保温材料的材性相容，并应贴严、粘牢；板状材料保温层的平面接缝应挤紧拼严，不得在板块侧面涂抹胶粘剂，超过2 mm的缝隙应采用相同材料板条或片填塞严实。

(3)采用机械固定法施工时，应选择专用螺钉和垫片；固定件与结构层之间应连接牢固。

2. 纤维材料保温层

(1)纤维材料保温层施工应符合下列规定：

1)纤维保温材料应紧靠在基层表面上，平面接缝应挤紧拼严，上下层接缝应相互错开；

2)屋面坡度较大时，宜采用金属或塑料专用固定件将纤维保温材料与基层固定；

3)纤维材料填充后，不得上人踩踏。

(2)装配式骨架纤维保温材料施工时，应先在基层上铺设保温龙骨或金属龙骨，龙骨之间应填充纤维保温材料，再在龙骨上铺钉水泥纤维板。金属龙骨和固定件应经防锈处理，金属龙骨与基层之间应采取隔热断桥措施。

3. 喷涂硬泡聚氨酯保温层

(1)保温层施工前应对喷涂设备进行调试，并应制备试样进行硬泡聚氨酯的性能检测。

(2)喷涂硬泡聚氨酯的配合比应准确计算，发泡厚度应均匀一致。

(3)喷涂时喷嘴与施工基面的间距应由试验确定。

(4)一个作业面应分遍喷涂完成，每遍厚度不宜大于 15 mm；当日的作业面应当日连续地喷涂施工完毕。

(5)硬泡聚氨酯喷涂后 20 min 内严禁上人；喷涂硬泡聚氨酯保温层完成后，应及时做保护层。

4. 现浇泡沫混凝土保温层

(1)在浇筑泡沫混凝土前，应将基层上的杂物和油污清理干净；基层应浇水湿润，但不得有积水。

(2)保温层施工前应对设备进行调试，并应制备试样进行泡沫混凝土的性能检测。

(3)泡沫混凝土的配合比应准确计量，制备好的泡沫加入水泥料浆中应搅拌均匀。

(4)浇筑过程中，应随时检查泡沫混凝土的湿密度。

保温工程的质量检验标准见表 4-11。

表 4-11 保温工程质量检验标准

<table>
<tr><th>项</th><th>序</th><th>检查项目</th><th>检验标准及要求</th><th>检验方法</th><th>检查数量</th></tr>
<tr><td rowspan="12">主控项目</td><td rowspan="3">1</td><td rowspan="3">板状材料保温层</td><td>材料的质量应符合设计要求</td><td>检查出厂合格证、质量检验报告和进场检验报告</td><td rowspan="12">应按屋面面积每100 m²抽查一处，每处应为10 m²，且不得少于3处</td></tr>
<tr><td>厚度应符合设计要求，其正偏差应不限，负偏差应为5%，且不得大于4 mm</td><td>钢针插入和尺量检查</td></tr>
<tr><td>屋面热桥部位处理应符合设计要求</td><td>观察检查</td></tr>
<tr><td rowspan="3">2</td><td rowspan="3">纤维材料保温层</td><td>材料的质量应符合设计要求</td><td>检查出厂合格证、质量检验报告和进场检验报告</td></tr>
<tr><td>厚度应符合设计要求，其正偏差应不限，毡不得有负偏差，板负偏差应为4%，且不得大于3 mm</td><td>钢针插入和尺量检查</td></tr>
<tr><td>屋面热桥部位处理应符合设计要求</td><td>观察检查</td></tr>
<tr><td rowspan="3">3</td><td rowspan="3">喷涂硬泡聚氨酯保温层</td><td>原材料的质量及配合比应符合设计要求</td><td>检查原材料出厂合格证、质量检验报告和计量措施</td></tr>
<tr><td>厚度应符合设计要求，其正偏差应不限，不得有负偏差</td><td>钢针插入和尺量检查</td></tr>
<tr><td>屋面热桥部位处理应符合设计要求</td><td>观察检查</td></tr>
<tr><td rowspan="3">4</td><td rowspan="3">现浇泡沫混凝土保温层</td><td>原材料的质量及配合比应符合设计要求</td><td>检查原材料出厂合格证、质量检验报告和计量措施</td></tr>
<tr><td>厚度应符合设计要求，其正负偏差应为5%，且不得大于5 mm</td><td>钢针插入和尺量检查</td></tr>
<tr><td>屋面热桥部位处理应符合设计要求</td><td>观察检查</td></tr>
</table>

续表

项	序	检查项目	检验标准及要求	检查方法	检查数量
一般项目	1	板状材料保温层	铺设应紧贴基层，应铺平垫稳，拼缝应严密，粘贴应牢固	观察检查	应按屋面面积每100 m^2抽查一处，每处应为10 m^2，且不得少于3处
			固定件的规格、数量和位置均匀符合设计要求；垫片应与保温层表面齐平		
			表面平整度的允许偏差为5 mm	2 m靠尺和塞尺检查	
			接缝高低差的允许偏差为2 mm	直尺和塞尺检查	
	2	纤维材料保温层	铺设应紧贴基层，拼缝应严密，表面应平整	观察检查	
			固定件的规格、数量和位置均匀符合设计要求；垫片应与保温层表面齐平		
			装配式骨架和水泥纤维板应铺钉牢固，表面应平整；龙骨间距和板材厚度应符合设计要求	观察和尺量检查	
			具有抗水蒸气渗透外覆面的玻璃棉制品，其外覆面应朝向室内，拼缝应用防水密封胶带封严	观察检查	
	3	喷涂硬泡聚氨酯保温层	应分遍喷涂，粘结应牢固，表面应平整，找坡应正确	观察检查	
			表面平整度的允许偏差为5 mm	2 m靠尺和塞尺检查	
	4	现浇泡沫混凝土保温层	应分层施工，粘结应牢固，表面应平整，找坡应正确	观察检查	
			不得有贯通性裂缝，以及疏松、起砂、起皮现象		
			表面平整度的允许偏差为5 mm	2 m靠尺和塞尺检查	

二、隔热工程

1. 种植隔热层

(1)种植隔热层与防水层之间宜设细石混凝土保护层。

(2)种植隔热层的屋面坡度大于20%时，其排水层、种植土层应采取防滑措施。

(3)排水层施工应符合下列要求：

1)陶粒的粒径不应小于25 mm，大粒径应在下，小粒径应在上。

2)凹凸形排水板宜采用搭接法施工，网状交织排水板宜采用对接法施工。

3)排水层上应铺设过滤层土工布。

4)挡墙或挡板的下部应设泄水孔，孔周围应放置疏水粗细骨料。

(4)过滤层土工布应沿种植土周边向上铺设至种植土高度，并应与挡墙或挡板粘牢；土工布的搭接宽度不应小于100 mm，接缝宜采用粘合或缝合。

(5)种植土的厚度及自重应符合设计要求。种植土表面应低于挡墙高度100 mm。

2. 架空隔热层

(1)架空隔热层的高度应按屋面宽度或坡度大小确定。设计无要求时，架空隔热层的高度宜为180～300 mm。

(2)当屋面宽度大于10 m时，应在屋面中部设置通风屋脊，通风口处应设置通风箅子。

(3)架空隔热制品支座底面的卷材、涂膜防水层，应采取加强措施。

(4)架空隔热制品的质量应符合下列要求：

1)非上人屋面的砌块强度等级不应低于MU7.5；上人屋面的砌块强度等级不应低于MU10。

2)混凝土板的强度等级不应低于C20，板厚及配筋应符合设计要求。

3. 蓄水隔热层

(1)蓄水隔热层与屋面防水层之间应设隔离层。

(2)蓄水池的所有孔洞应预留，不得后凿；所设置的给水管、排水管和溢水管等，均应在蓄水池混凝土施工前安装完毕。

(3)每个蓄水区的防水混凝土应一次浇筑完毕，不得留施工缝。

(4)防水混凝土应用机械振捣密实，表面应抹平和压光，初凝后应覆盖养护，终凝后浇水养护不得少于14 d；蓄水后不得断水。

隔热工程的质量检验标准见表4-12。

表4-12　隔热工程质量检验标准

<table>
<tr><th>项</th><th>序</th><th>检查项目</th><th>检验标准及要求</th><th>检验方法</th><th>检查数量</th></tr>
<tr><td rowspan="9">主控项目</td><td rowspan="3">1</td><td rowspan="3">种植隔热层</td><td>材料的质量应符合设计要求</td><td>检查出厂合格证、质量检验报告</td><td rowspan="13">按屋面面积每500～1 000 m² 划分为一个检验批，不足500 m² 应按一个检验批；每个检验批的抽检数量，应按屋面面积每100 m² 抽查一处，每处应为10 m²，且不得少于3处</td></tr>
<tr><td>排水层应与排水系统连通</td><td>观察检查</td></tr>
<tr><td>挡墙或挡板泄水孔的留设应符合设计要求，并不得堵塞</td><td>观察和尺量检查</td></tr>
<tr><td rowspan="3">2</td><td rowspan="3">架空隔热层</td><td>架空隔热制品的质量，应符合设计要求</td><td>检查材料或构件合格证和质量检验报告</td></tr>
<tr><td>架空隔热制品的铺设应平整、稳固，缝隙勾填应密实</td><td rowspan="2">观察检查</td></tr>
<tr><td>屋面热桥部位处理应符合设计要求</td></tr>
<tr><td rowspan="3">3</td><td rowspan="3">蓄水隔热层</td><td>防水混凝土所用材料的质量及配合比，应符合设计要求</td><td>检查出厂合格证、质量检验报告、进场检验报告和计量措施</td></tr>
<tr><td>防水混凝土的抗压强度和抗渗性能，应符合设计要求</td><td>检查混凝土抗压和抗渗试验报告</td></tr>
<tr><td>蓄水池不得有渗漏现象</td><td>蓄水至规定高度观察检查</td></tr>
<tr><td rowspan="4">一般项目</td><td rowspan="4">1</td><td rowspan="4">种植隔热层</td><td>陶粒应铺设平整、均匀，厚度应符合设计要求</td><td rowspan="3">观察和尺量检查</td></tr>
<tr><td>排水板应铺设平整，接缝方法应符合国家现行有关标准的规定</td></tr>
<tr><td>过滤层土工布应铺设平整、接缝严密，其搭接宽度的允许偏差为－10 mm</td></tr>
<tr><td>种植土应铺设平整、均匀，其厚度的允许偏差为±5%，且不得大于30 mm</td><td>尺量检查</td></tr>
</table>

项	序	检查项目	检验标准及要求	检验方法	检查数量
一般项目	2	架空隔热层	架空隔热制品距山墙或女儿墙不得小于 250 mm	观察和尺量检查	按屋面面积每 500 ~ 1 000 m^2 划分为一个检验批，不足 500 m^2 应按一个检验批；每个检验批的抽检数量，应按屋面面积每 100 m^2 抽查一处，每处应为 10 m^2，且不得少于 3 处
			架空隔热层的高度及通风屋脊、变形缝做法，应符合设计要求		
			架空隔热制品接缝高低差的允许偏差为 3 mm	直尺和塞尺检查	
	3	蓄水隔热层	防水混凝土表面应密实、平整，不得有蜂窝、麻面、露筋等缺陷	观察检查	
			防水混凝土表面的裂缝宽度不应大于 0.2 mm，并不得贯通	刻度放大镜检查	
			蓄水池上所留设的溢水口、过水孔、排水管、溢水管等，其位置、标高和尺寸均应符合　设计要求	观察和尺量检查	
			蓄水池结构的允许偏差应符合表 4-13 的规定	见表 4-13	

表 4-13　蓄水池结构的允许偏差和检验方法

项目	允许偏差/mm	检验方法
长度、宽度	+15，-10	尺量检查
厚度	±5	
表面平整度	5	2 m 靠尺和塞尺检查
排水坡度	符合设计要求	坡度尺检查

任务实施

任务：屋面工程施工时，对保温与隔热工程进行质量控制，并填写保温与隔热工程检验批质量验收记录表 4-14。

表 4-14　板状材料保温层检验批质量验收记录

<table>
<tr><td colspan="3">单位(子单位)工程名称</td><td></td><td>分部(子分部)工程名称</td><td></td><td>分项工程名称</td><td></td></tr>
<tr><td colspan="3">施工单位</td><td></td><td>项目负责人</td><td></td><td>检验批容量</td><td></td></tr>
<tr><td colspan="3">分包单位</td><td></td><td>分包单位项目负责人</td><td></td><td>检验批部位</td><td></td></tr>
<tr><td colspan="3">施工依据</td><td colspan="2"></td><td>验收依据</td><td colspan="2"></td></tr>
<tr><td rowspan="4">主控项目</td><td colspan="3">验收项目</td><td>设计要求及规范规定</td><td>最小/实际抽样数量</td><td>检查记录</td><td>检查结果</td></tr>
<tr><td>1</td><td colspan="2"></td><td></td><td>／</td><td></td><td></td></tr>
<tr><td>2</td><td colspan="2"></td><td></td><td>／</td><td></td><td></td></tr>
<tr><td>3</td><td colspan="2"></td><td></td><td>／</td><td></td><td></td></tr>
<tr><td rowspan="4">一般项目</td><td>1</td><td colspan="2"></td><td></td><td>／</td><td></td><td></td></tr>
<tr><td>2</td><td colspan="2"></td><td></td><td>／</td><td></td><td></td></tr>
<tr><td>3</td><td colspan="2"></td><td></td><td>／</td><td></td><td></td></tr>
<tr><td>4</td><td colspan="2"></td><td></td><td>／</td><td></td><td></td></tr>
</table>

续表

施工单位 检查结果	专业工长： 项目专业质量检查员： 年　月　日
监理（建设）单位 验收结论	专业监理工程师： （建设单位项目专业技术负责人） 年　月　日

拓展训练

某公共建筑工程，建筑面积为22 000 m^2，地下2层，地上5层，层高为3.2 m，钢筋混凝土框架结构，大堂1～3层中空，大堂顶板为钢筋混凝土井字梁结构，屋面为女儿墙，屋面防水材料采用SBS卷材，某施工总承包单位承担施工任务。

架空隔热层的高度为150 mm；架空隔热层混凝土板的强度等级为C15。

屋面架空隔热层施工完后，发现隔热效果不佳。

问题：

1. 架空隔热层的高度和混凝土板的强度等级是否正确，说明理由。
2. 简述屋面架空隔热层隔热效果不佳的原因及预防措施。

拓展训练答案

育人案例

这样的屋面你喜欢吗？

上面四幅图都是种植屋面，种植屋面是辅以种植土、在容器或种植模板中栽植植物来覆盖建筑屋面或地下建筑顶板的一种绿化形式。提到种植屋面，人们往往把它理解为屋顶花园的同义词，实际上涵盖在其中的不仅是屋顶的庭院或花园，还包括其他多种形式。从广义上讲，种植屋面是指在各类建筑物、构筑物的屋顶、露台、天台及阳台等人工进行的绿化。在这种形式的背后，有巨大的技术力量支持着屋顶绿化的发展。从自然土壤到轻量基质，从铺设简单的排水层到蓄排水技术，从单纯选择适应屋顶环境的植物到科学培育适应屋顶环境的植物材料及雨水综合利用等，这些技术的发展无疑是屋顶绿化不断发展的结果。

在城市化建设的进程中，城市中大量基础设施建设必然与绿化用地发生矛盾，种植屋面作为一种不占有地面土地的绿化形式，很好地解决了这个矛盾。尤其是居住屋顶绿化能更好地解决建筑与园林绿化用地的矛盾。在楼顶隔热防水层上培育一层植被，则扩大了绿化面积，拓展了城市的绿肺。种植屋面能够有效解决城市基础设施建设与绿化用地的矛盾，增加绿化覆盖率，提高绿视率。植物具有维持大气中氧气和二氧化碳平衡，吸滞尘埃、吸收有毒有害气体、杀菌、净化空气等作用。

启示：现代建筑多为钢筋混凝土预制板结构的平顶房，采用种植屋面不仅可使居住在顶层的居民改变冬冷夏热的生活环境，同时还能起到保护防水层和建筑屋顶结构的作用。而且可使屋顶生机盎然，从而使得建筑空间能更好地满足人们使用的要求，让我们真正感受到建筑让我们的生活更美好。

任务三　防水与密封工程质量控制与验收

任务导入

工程实例中教学楼屋面防水等级为二级，要求两道防水设防，防水材料按《屋面工程技术规范》选择。防水材料为聚合物水泥防水涂料 RG 和卷材各一道，施工要求详见生产厂家相关说明书。相关技术指标、技术要求及保护措施均应满足国家有关规范、标准、规程、规定的要求，并由生产厂家负责。屋面女儿墙转折处、雨水口及其他阴阳角处等重点防水部位应附加卷材一层，其基层抹面应做成圆角 $R=100$。

所有混凝土构件内预埋雨水口及排水管的标高及位置务必找准，在施工中严防杂物进入。屋面排水坡度为3%，靠近雨水口处坡度应加大为5%；屋面排水方向及方式详见屋面排水示意图。

屋面保温材料选用阻燃岩棉板 120 mm 厚，其导热系数应不大于 0.045 $W/(m^2 \cdot K)$。屋面保温层与垂直墙间留 30 mm 宽空隙，内填沥青麻丝。

隔汽层刷乳化沥青一道，在用水房间处应加铺薄型卷材一道，并按其平面位置四周延出 500 mm。

各部位屋面构造详见屋面构造表 4-1。

任务：屋面工程施工时，对防水与密封工程进行质量控制，并填写防水与密封工程检验批质量验收记录表。

知识储备

防水层施工前，基层应坚实、平整、干燥和干净。基层处理剂应配合比准确，并应搅拌均匀；喷涂或涂刷基层处理剂应均匀一致，待其干燥后应及时进行卷材、涂膜防水层和接缝密封防水施工。防水层完工并经验收合格后，应及时做好成品保护。

一、防水工程

1. 卷材防水层

(1)屋面坡度大于25%时，卷材应采取满粘和钉压固定措施。

(2)卷材铺贴方向应符合下列规定：

1)卷材宜平行屋脊铺贴；

2)上下层卷材不得相互垂直铺贴。

(3)卷材搭接缝应符合下列规定：

卷材防水层质量控制与检验

1)平行屋脊的卷材搭接缝应顺流水方向，卷材搭接宽度应符合表4-15规定；

2)相邻两幅卷材短边搭接缝应错开，且不得小于500 mm；

3)上下层卷材长边搭接缝应错开，且不得小于幅宽的1/3。

表4-15　卷材搭接宽度

mm

卷材类别		搭接宽度
合成高分子防水卷材	胶粘剂	80
	胶粘带	50
	单缝焊	60，有效焊接宽度不小于25
	双缝焊	80，有效焊接宽度10×2+空腔宽
高聚物改性沥青防水卷材	胶粘剂	100
	自粘	80

(4)冷粘法铺贴卷材应符合下列规定：

1)胶粘剂涂刷应均匀，不应露底，不应堆积；

2)应控制胶粘剂涂刷与卷材铺贴的间隔时间；

3)卷材下面的空气应排尽，并应辊压粘牢固；

4)卷材铺贴应平整顺直，搭接尺寸应准确，不得扭曲、皱折；

5)接缝口应用密封材料封严，宽度不应小于10 mm。

(5)热粘法铺贴卷材应符合下列规定：

1)熔化热熔型改性沥青胶结料时，宜采用专有导热油炉加热，加热温度不应高于200 ℃，使用温度不宜低于180 ℃；

2)粘贴卷材的热熔型改性沥青胶结料厚度宜为1.0～1.5 mm；

3)采用热熔型改性沥青胶结料粘贴卷材时，应随刮随铺，并应展平压实。

(6)热熔法铺贴卷材应符合下列规定：

1)火焰加热器加热卷材应均匀，不得加热不足或烧穿卷材；

2)卷材表面热熔后应立即滚铺，卷材下面的空气应排尽，并应辊压粘贴牢固；

3)卷材接缝部位应溢出热熔的改性沥青胶，溢出的改性沥青胶宽度宜为8 mm；

4)铺贴的卷材应平整顺直，搭接尺寸应准确，不得扭曲、皱折；

5)厚度小于3 mm的高聚物改性沥青防水卷材，严禁采用热熔法施工。

(7)自粘法铺贴卷材应符合下列规定：

1)铺贴卷材时，应将自粘胶底面的隔离纸全部撕净；

2)卷材下面的空气应排尽，并应辊压粘贴牢固；

3)铺贴的卷材应平整顺直，搭接尺寸应准确，不得扭曲、皱折；

4)接缝口应用密封材料封严，宽度不应小于10 mm；

5)低温施工时，接缝部位宜采用热风加热，并应随即粘贴牢固。

(8)焊接法铺贴卷材应符合下列规定：

1)焊接前卷材应铺设平整、顺直，搭接尺寸应准确，不得扭曲、皱折；

2)卷材焊接缝的结合面应干净、干燥，不得有水滴、油污及附着物；

3)焊接时应先焊长边搭接缝，后焊短边搭接缝；

4)控制加热温度和时间，焊接缝不得有漏焊、跳焊、焊焦或焊接不牢现象；

5)焊接时不得损害非焊接部位的卷材。

(9)机械固定法铺贴卷材应符合下列规定：

1)卷材应采用专用固定件进行机械固定；

2)固定件应设置在卷材搭接缝内，外露固定件应用卷材封严；

3)固定件应垂直钉入结构层有效固定，固定件数量和位置应符合设计要求；

4)卷材搭接缝应粘结或焊接牢固，密封应严密；

5)卷材周边 800 mm 范围内应满粘。

2. 涂膜防水层

(1)防水涂料应多遍涂布，并应待前一遍涂布的涂料干燥成膜后，再涂布后一遍涂料，且前后两遍涂料的涂布方向应相互垂直。

(2)铺设胎体增强材料应符合下列规定：

1)胎体增强材料宜采用聚酯无纺布或化纤无纺布；

2)胎体增强材料长边搭接宽度不应小于 50 mm，短边搭接宽度不应小于 70 mm；

3)上下层胎体增强材料的长边搭接缝应错开，且不得小于幅宽的 1/3；

4)上下层胎体增强材料不得相互垂直铺设。

(3)多组分防水涂料应按配合比准确计量，搅拌应均匀，并应根据有效时间确定每次配制的数量。

3. 复合防水层

(1)卷材与涂料复合使用时，涂膜防水层宜设置在卷材防水层的下面。

(2)卷材与涂料复合使用时，防水卷材的粘结质量应符合表 4-16 的规定。

表 4-16 防水卷材的粘结质量

项目	自粘聚合物改性沥青防水卷材和带自粘层防水卷材	高聚物改性沥青防水卷材胶粘剂	合成高分子防水卷材胶粘剂
粘结剥离强度(N/10 mm)	≥10 或卷材断裂	≥8 或卷材断裂	≥15 或卷材断裂
剪切状态下的粘合强度(N/10 mm)	≥20 或卷材断裂	≥20 或卷材断裂	≥20 或卷材断裂
浸水 168 h 后粘结剥离强度保持率/%	—	—	≥70
注：防水涂料作为防水卷材粘结材料复合使用时，应符合相应的防水卷材胶粘剂规定。			

(3)复合防水层施工质量应符合卷材防水层和涂膜防水层的相关规定。

防水工程的质量检验标准见表 4-17。

表 4-17 防水工程质量检验标准

项	序	检查项目	检验标准及要求	检验方法	检查数量
主控项目	1	卷材防水层	防水卷材及其配套材料的质量应符合设计要求	检查出厂合格证、质量检验报告和进场检验报告	应按屋面面积每 100 m^2 抽查一处，每处应为 10 m^2，且不得少于 3 处
			卷材防水层不得有渗漏和积水现象	雨后观察或淋水、蓄水试验	
			卷材防水层在檐口、檐沟、天沟、水落口、泛水、变形缝和伸出屋面管道的防水构造，应符合设计要求	观察检查	

续表

项	序	检查项目	检验标准及要求	检验方法	检查数量
主控项目	2	涂膜防水层	防水涂料和胎体增强材料的质量应符合设计要求	检查出厂合格证、质量检验报告和进场检验报告	应按屋面面积每100 m^2 抽查一处，每处应为10 m^2，且不得少于3处
			涂膜防水层不得有渗漏和积水现象	雨后观察或淋水、蓄水试验	
			涂膜防水层在檐口、檐沟、天沟、水落口、泛水、变形缝和伸出屋面管道的防水构造，应符合设计要求	观察检查	
			涂膜防水层的平均厚度应符合设计要求，且最小厚度不得小于设计厚度的80%	针测法或取样量测	
	3	复合防水层	复合防水层所用防水材料及其配套材料的质量，应符合设计要求	检查出厂合格证、质量检验报告和进场检验报告	
			复合防水层不得有渗漏和积水现象	雨后观察或淋水、蓄水试验	
			复合防水层在天沟、檐沟、檐口、水落口、泛水、变形缝和伸出屋面管道的防水构造，应符合设计要求	观察检查	
一般项目	1	卷材防水层	卷材搭接缝应粘结或焊接牢固，密封应严密，不得扭曲、皱折和翘边		
			卷材防水层的收头应与基层粘结，钉压应牢固，密封应严密		
			卷材防水层的铺贴方向应正确，卷材搭接宽度的允许偏差为 -10 mm	观察和尺量检查	
			屋面排汽构造的排汽道应纵横贯通，不得堵塞；排汽管应安装牢固，位置应正确，封闭应严密	观察检查	
	2	涂膜防水层	涂膜防水层与基层应粘结牢固，表面应平整，涂布应均匀，不得有流淌、皱折、起泡和露胎体等缺陷		
			涂膜防水层的收头应用防水涂料多遍涂刷		
			铺贴胎体增强材料应平整顺直，搭接尺寸应准确，应排除气泡，并应与涂料粘结牢固；胎体增强材料搭接宽度的允许偏差为 -10mm	观察和尺量检查	
	3	复合防水层	卷材与涂膜应粘结牢固，不得有空鼓和分层现象	观察检查	
			复合防水层总厚度应符合设计要求	针测法或取样量测	

二、密封防水工程

(1)密封防水部位的基层应符合下列要求：

1)基层应牢固，表面应平整、密实，不得有裂缝、蜂窝、麻面、起皮和起砂现象；

2)基层应清洁、干燥，并应无油污、无灰尘；

3)嵌入的背衬材料与接缝壁间不得留有孔隙；

4)密封防水部位的基层宜涂刷基层处理剂，涂刷应均匀，不得漏涂。

(2)多组分密封材料应按配合比准确计量，拌合应均匀，并应根据有效时间确定每次配制的数量。

(3)密封材料嵌填完成后，在固化前应避免灰尘、破损及污染，且不得踩踏。

接缝密封防水工程的质量检验标准见表 4-18。

表 4-18　接缝密封防水工程质量检验标准

<table>
<tr><th>项</th><th>序</th><th>检查项目</th><th>检验标准及要求</th><th>检验方法</th><th>检查数量</th></tr>
<tr><td rowspan="2">主控项目</td><td>1</td><td>材料要求</td><td>密封材料及其配套材料的质量，应符合设计要求</td><td>检查出厂合格证、质量检验报告和进场检验报告</td><td rowspan="5">应按屋面面积每50 m抽查一处，每处应为5 m，且不得少于3处</td></tr>
<tr><td>2</td><td>密封质量</td><td>密封材料嵌填应密实、连续、饱满，粘结牢固，不得有气泡、开裂、脱落等缺陷</td><td rowspan="2">观察检查</td></tr>
<tr><td rowspan="3">一般项目</td><td>1</td><td>基层要求</td><td>密封防水部位的基层应符合规定</td></tr>
<tr><td>2</td><td>嵌填深度</td><td>接缝宽度和密封材料的嵌填深度应符合设计要求，接缝宽度的允许偏差为±10%</td><td>尺量检查</td></tr>
<tr><td>3</td><td>表面质量</td><td>嵌填的密封材料表面应平滑，缝边应顺直，应无明显不平和周边污染现象</td><td>观察检查</td></tr>
</table>

任务实施

任务：屋面工程施工时，对防水与密封工程进行质量控制，并填写防水与密封工程检验批质量验收记录表 4-19。

表 4-19　卷材防水层检验批质量验收记录

<table>
<tr><td colspan="2">单位(子单位)工程名称</td><td></td><td>分部(子分部)工程名称</td><td></td><td>分项工程名称</td><td></td></tr>
<tr><td colspan="2">施工单位</td><td></td><td>项目负责人</td><td></td><td>检验批容量</td><td></td></tr>
<tr><td colspan="2">分包单位</td><td></td><td>分包单位项目负责人</td><td></td><td>检验批部位</td><td></td></tr>
<tr><td colspan="2">施工依据</td><td colspan="2"></td><td>验收依据</td><td colspan="2"></td></tr>
<tr><td rowspan="4">主控项目</td><td colspan="2">验收项目</td><td>设计要求及规范规定</td><td>最小/实际抽样数量</td><td>检查记录</td><td>检查结果</td></tr>
<tr><td>1</td><td></td><td></td><td>/</td><td></td><td></td></tr>
<tr><td>2</td><td></td><td></td><td>/</td><td></td><td></td></tr>
<tr><td>3</td><td></td><td></td><td>/</td><td></td><td></td></tr>
<tr><td rowspan="5">一般项目</td><td>1</td><td></td><td></td><td>/</td><td></td><td></td></tr>
<tr><td>2</td><td></td><td></td><td>/</td><td></td><td></td></tr>
<tr><td>3</td><td></td><td></td><td>/</td><td></td><td></td></tr>
<tr><td>4</td><td></td><td></td><td>/</td><td></td><td></td></tr>
<tr><td>5</td><td></td><td></td><td>/</td><td></td><td></td></tr>
</table>

续表

施工单位 检查结果	专业工长： 项目专业质量检查员： 年　月　日
监理（建设）单位 验收结论	专业监理工程师： （建设单位项目专业技术负责人） 年　月　日

拓展训练

某公共建筑工程，建筑面积为22 000 m^2，地下2层，地上5层，层高为3.2 m，钢筋混凝土框架结构，大堂1～3层中空，大堂顶板为钢筋混凝土井字梁结构，屋面为女儿墙，屋面防水材料采用SBS卷材，某施工总承包单位承担施工任务。

屋面防水层施工时，因工期紧没有搭设安全防护栏杆。工人王某在铺贴卷材后退时不慎从屋面掉下，经医院抢救无效后死亡。

屋面进行闭水试验时，发现女儿墙根部漏水，经查，主要原因是转角处卷材开裂，施工总承包单位进行了整改。

拓展训练答案

问题：

1. 从安全防护措施角度指出发生这一起伤亡事故的直接原因。
2. 项目经理部负责人在事故发生后应该如何处理此事？
3. 按先后顺序说明女儿墙根部漏水质量问题的治理步骤。

育人案例

某住宅屋面漏水

业主张先生家位于朝阳区东直门内大街某小区顶层，据张先生描述，小区是塔楼，2001年入住。自入住以来是年年漏年年修，年年修年年漏。每到夏季雨天，不到80平的房子得用8个盆子接水，可谓吃尽了漏水的苦头。张先生找到专业的防水公司，希望可以派技术员到现场勘察，找出漏水原因，彻底解决多年来的漏水问题。

事故原因

(1)原防水层出现问题，使用劣质卷材，质量差，耐老化及抗高低温性能差，卷材的韧性和延伸性能差，是漏水的主要原因。

(2)施工问题：施工过程中细部节点或局部防水处理不当，产生一些裂缝。

启示：屋面渗漏是在建筑物使用过程中经常出现的质量问题，也是不好解决的质量问题，一旦出现维修困难，有时局部维修不能解决根本问题，整体维修成本较高，给使用者造成较大的困扰。这就要求我们工程人在施工过程中一定要严格按规范要求施工，要精心设计、精心施工，要细心认真，用工匠精神为人民建高质量的建筑。

任务四　细部构造工程质量控制与验收

任务导入

工程实例中教学楼屋面防水等级为二级，要求两道防水设防，防水材料按《屋面工程技术规范》选择。防水材料为聚合物水泥防水涂料RG和卷材各一道，施工要求详见生产厂家相关说明书。相关技术指标、技术要求及保护措施均应满足国家有关规范、标准、规程、规定的要求，并由生产厂家负责。屋面女儿墙转折处、雨水口及其他阴阳角处等重点防水部位应附加卷材一层，其基层抹面应做成圆角 $R=100$。

所有混凝土构件内预埋雨水口及排水管的标高及位置务必找准，在施工中严防杂物进入。屋面排水坡度为3%，靠近雨水口处坡度应加大为5%；屋面排水方向及方式详见屋面排水示意图。

屋面保温材料选用阻燃岩棉板120厚，其导热系数应不大于0.045 $W/(m^2\cdot K)$。屋面保温层与垂直墙间留30 mm宽空隙，内填沥青麻丝。

隔汽层刷乳化沥青一道，在用水房间处应加铺薄型卷材一道，并按其平面位置四周延出500 mm。

各部位屋面构造详见屋面构造表4-1。

任务：屋面工程施工时，对细部构造工程进行质量控制，并填写细部构造工程检验批质量验收记录表。

知识储备

细部构造所使用卷材、涂料和密封材料的质量应符合设计要求，两种材料之间应具有相容性。屋面细部构造热桥部位的保温处理，应符合设计要求。

细部构造工程的质量检验标准见表4-20。

表4-20　细部构造工程质量检验标准

项	序	检查项目	检验标准及要求	检验方法	检查数量
主控项目	1	檐口	檐口的防水构造应符合设计要求	观察检查	全数检查
			檐口的排水坡度应符合设计要求；檐口部位不得有渗漏和积水现象	坡度尺检查和雨后观察或淋水试验	
	2	檐沟和天沟	防水构造应符合设计要求	观察检查	
			排水坡度应符合设计要求；沟内不得有渗漏和积水现象	坡度尺检查和雨后观察或淋水、蓄水试验	
	3	女儿墙和山墙	防水构造应符合设计要求	观察检查	
			压顶向内排水坡度不应小于5%，压顶内侧下端应做成鹰嘴或滴水槽	观察和坡度尺检查	
			根部不得有渗漏和积水现象	雨后观察或淋水试验	

续表

项	序	检查项目	检验标准及要求	检验方法	检查数量
主控项目	4	水落口	防水构造应符合设计要求	观察检查	全数检查
			水落口杯上口应设在沟底最低处；水落口处不得有渗漏和积水现象	雨后观察或淋水、蓄水试验	
	5	变形缝	防水构造应符合设计要求	观察检查	
			变形缝处不得有渗漏和积水现象	雨后观察或淋水试验	
	6	伸出屋面管道	防水构造应符合设计要求	同变形缝	
			伸出屋面管根部不得有渗漏和积水现象		
	7	屋面出入口	防水构造应符合设计要求	同变形缝	
			屋面出入口处不得有渗漏和积水现象		
	8	反梁过水孔	防水构造应符合设计要求	同变形缝	
			反梁过水孔处不得有渗漏和积水现象		
	9	设施基座	防水构造应符合设计要求	同变形缝	
			设施基座处不得有渗漏和积水现象		
	10	屋脊	防水构造应符合设计要求	同变形缝	
			屋脊处不得有渗漏现象		
	11	屋顶窗	防水构造应符合设计要求	同变形缝	
			屋顶窗及其周围不得有渗漏现象		
一般项目	1	檐口	檐口 800 mm 范围内的卷材应满粘	观察检查	
			卷材收头应在找平层的凹槽内用金属压条钉压固定，并应用密封材料封严		
			涂膜收头应用防水涂料多遍涂刷		
			檐口端部应抹聚合物水泥砂浆，其下端应做成鹰嘴和滴水槽		
	2	檐沟和天沟	檐沟、天沟附加层铺设应符合设计要求	观察和尺量检查	
			檐沟防水层应由沟底翻上至外侧顶部，卷材收头应用金属压条钉压固定，并应用密封材料封严；涂膜收头应用防水涂料多遍涂刷	观察检查	
			檐沟外侧顶部及侧面均匀抹聚合物水泥砂浆，其下端应做成鹰嘴或滴水槽		
	3	女儿墙和山墙	泛水高度及附加层铺设应符合设计要求	观察和尺量检查	
			卷材应满粘，卷材收头应用金属压条钉压固定，并应用密封材料封严	观察检查	
			涂膜应直接涂刷至压顶下，涂膜收头应用防水涂料多遍涂刷		

续表

项	序	检查项目	检验标准及要求	检验方法	检查数量
一般项目	4	水落口	水落口的数量和位置应符合设计要求；水落口杯应安装牢固	观察和手扳检查	全数检查
			水落口周围直径 500 mm 范围内坡度不应小于 5%，水落口周围的附加层铺设应符合设计要求	观察和尺量检查	
			防水层及附加层伸入水落口杯内不应小于 50 mm，并应粘结牢固		
	5	变形缝	泛水高度和附加层铺设应符合设计要求		
			防水层应铺贴或涂刷至泛水墙顶部	观察检查	
			等高变形缝顶部宜加扣混凝土或金属盖板。混凝土盖板的接缝应用密封材料封严；金属盖板应铺钉牢固，搭接缝应顺流水方向，并应做好防锈处理		
			高低跨变形缝在高跨墙面上的防水卷材封盖和金属盖板，应用金属压条钉压固定，并应用密封材料封严		
	6	伸出屋面管道	泛水高度和附加层铺设，应符合设计要求	观察和尺量检查	
			周围的找平层应抹出高度不小于 30 mm 的排水坡		
			卷材防水层收头应用金属箍固定，并应用密封材料封严；涂膜防水层收头应用防水涂料多遍涂刷	观察检查	
	7	屋面出入口	屋面垂直出入口防水层收头应压在压顶圈下，附加层铺设应符合设计要求	观察检查	
			屋面水平出入口防水层收头应压在混凝土踏步下，附加层铺设和护墙应符合设计要求		
			屋面出入口的泛水高度不应小于 250 mm	观察和尺量检查	
	8	反梁过水孔	反梁过水孔的孔底标高、孔洞尺寸或预埋管管径，均匀符合设计要求	尺量检查	
			反梁过水孔的孔洞四周应涂刷防水涂料；预埋管道两端周围与混凝土接触处应留凹槽，并应用密封材料封严	观察检查	
	9	设施基座	设施基座与结构层相连时，防水层应包裹设施基座的上部，并应在地脚螺栓周围做密封处理	观察检查	
			设施基座直接放置在防水层上时，设施基座下部应增设附加层，必要时应在其上浇筑细石混凝土，其厚度不应小于 50 mm		
			经常维护的设施基座周围和屋面出入口至设施之间的人行道，应铺设块体材料或细石混凝土保护层		
	10	屋脊	平脊和斜脊铺设应顺直，应无起伏现象		
			脊瓦应搭盖正确，间距应均匀，封固严密	观察和手扳检查	
	11	屋顶窗	屋顶窗用金属排水板、窗框固定铁脚应与屋面连接牢固	观察检查	
			屋顶窗用窗口防水卷材应铺贴平整，粘结应牢固		

任务实施

任务： 屋面工程施工时，对细部构造工程进行质量控制，并填写细部构造工程检验批质量验收记录表 4-21。

表 4-21　细部构造工程检验批质量验收记录

单位(子单位)工程名称			分部(子分部)工程名称		分项工程名称	
施工单位			项目负责人		检验批容量	
分包单位			分包单位项目负责人		检验批部位	
施工依据				验收依据		
	验收项目		设计要求及规范规定	最小/实际抽样数量	检查记录	检查结果
主控项目	1			/		
	2			/		
	3			/		
一般项目	1			/		
	2			/		
	3			/		
	4			/		
	5			/		
施工单位检查结果	专业工长： 项目专业质量检查员： 年　月　日					
监理(建设)单位验收结论	专业监理工程师： (建设单位项目专业技术负责人) 年　月　日					

拓展训练

某公共建筑工程，建筑面积为 22 000 m^2，地下 2 层，地上 5 层，层高为 3.2 m，钢筋混凝土框架结构，大堂 1～3 层中空，大堂顶板为钢筋混凝土井字梁结构，屋面为女儿墙，屋面防水材料采用 SBS 卷材，某施工总承包单位承担施工任务。

施工单位对屋面细部构造工程拟订了质量检验方案，包括检验内容和检查数量等。

问题：

1. 屋面细部构造工程包括哪些检验内容？
2. 屋面细部构造工程各分项工程每个检验批检验数量为多少？

拓展训练答案

育人案例

世界屋脊上的机场

拉萨贡嘎国际机场位于中国西藏自治区拉萨市西南方向的山南市贡嘎县迎宾路，距拉萨市中心约85 km，为4E级军民合用国际机场，是世界上海拔最高的机场之一，西藏自治区第一大航空枢纽。

拉萨贡嘎国际机场T3航站楼(图4-1)从2017年年底桩基施工开始，历时三年多正式投入运营。其项目规模大，造型新颖，功能复杂。在施工过程中，项目团队面临各种挑战，积累了丰富的高原机场施工经验。

图4-1　拉萨贡嘎国际机场T3航站楼

屋面工程的黑科技

拉萨贡嘎国际机场T3航站楼的设计，充分结合西藏地域文化和民族元素，屋面造型犹如莲花花瓣，配合抽象的藏式金顶型采光顶，总面积为5.84万m^2。屋面主体部分采用钢桁架结构，面板部分采用镀铝锌压型钢板，结构层次复杂，涉及9个构造层次排布。项目将BIM技术贯穿屋面施工全过程，严格控制结构精度，保证了莲花屋面的完美呈现。

青藏高原冬季气温低，常规光照条件下积雪消融缓慢。天沟，即建筑物屋面两跨间的下凹部分，阳光无法照射到的融化的雪水极易二次冻结，堵塞排水通道，产生渗漏风险，增加屋面荷载。为此，项目在天沟内铺设了电伴热线缆，给天沟装上了首创的“智慧型暖宝宝”。这个“智慧型暖宝宝”可以根据收集到的历史气象数据，建立融雪系统热分析评估模型，来作为调节融雪系统功率的依据。通过温度探测器、湿度探测器、视频监控设备，采集温度、湿度、雪量等数据，智能调节发热功率，有效消融天沟冰雪，减少电能消耗。

T3航站楼屋面工程

启示：在高原建机场，气候是永远绕不开的“拦路虎”。夏季有暴雨，冬季有大雪，位于雅江河谷的贡嘎机场，冬春季节还经常受到沙尘暴的威胁，在这样的气候下“种莲花”，是无数建设者征服雪域风沙的奋斗精神、奉献精神及追求卓越的工匠精神。

职业链接

一、单项选择题

1. 屋面找坡应满足设计排水坡要求，结构找坡不应小于(　　)，材料找坡宜为2%。

A. 2%　　B. 3%　　C. 4%　　D. 5%

2. 屋面工程中找平层宜采用水泥砂浆或细石混凝土；找平层的抹平工序应在(　　)完成，压光工序应在终凝前完成，终凝后应进行养护。

A. 初凝前　　B. 终凝前　　C. 初凝后　　D. 终凝后

3. 隔汽层应设置在(　　)与保温层之间，隔汽层应选用气密性、水密性好的材料。

A. 结构层　　B. 构造层　　C. 防水层　　D. 主体基础

4. 隔汽层采用卷材时宜空铺，卷材搭接缝应满粘，其搭接宽度不应小于(　　)mm，隔汽层采用涂料时，应涂刷均匀。

A. 40　　B. 60　　C. 80　　D. 100

5. 现浇泡沫混凝土保温层的厚度应符合设计要求，其正负偏差应为5%，且不得大于5 mm，检验方法为(　　)。

A. 钢针插入　　B. 尺量检查　　C. 钻芯测量　　D. 钢针插入和尺量检查

6. 架空隔热制品距山墙或女儿墙不得小于(　　)mm。

A. 200　　B. 250　　C. 300　　D. 400

7. 胎体增强材料长边搭接宽度不应小于50 mm，短边搭接宽度不应小于(　　)mm。

A. 120　　B. 100　　C. 70　　D. 50

8. 热熔法铺贴卷材时，厚度小于(　　)mm 的高聚物改性沥青防水卷材，严禁采用热熔法施工。

A. 3　　B. 4　　C. 5　　D. 6

9. 防水层及附加层伸入水落口杯内不应小于(　　)mm，并应粘结牢固。

A. 15　　B. 20　　C. 25　　D. 50

10. 架空隔热层相邻两块制品的高低差不得大于(　　)mm。

A. 3　　B. 5　　C. 6　　D. 8

二、多项选择题

1. 保温材料的(　　)，必须符合设计要求。

A. 导热系数　　B. 表观密度或干密度　　C. 抗压强度或压缩强度

D. 抗拉强度　　E. 燃烧性能

2. 屋面工程的主要功能是(　　)。

A. 排水　　B. 防水　　C. 保温　　D. 隔热　　E. 承重

3. (　　)是屋面工程的细部工程。

A. 檐沟和天沟　　B. 女儿墙和山墙　　C. 水落管　　D. 变形缝　　E. 檐口

4. 屋面工程中架空隔热制品的质量应符合(　　)。

A. 非上人屋面的砌块强度等级不应低于 MU7.5

B. 上人屋面的砌块强度等级不应低于 MU10

C. 混凝土板的强度等级不应低于 C20

D. 混凝土板的强度等级不应低于 C40

E. 板厚及配筋应符合设计要求

5. 密封防水部位的基层应符合(　　)。

A. 基层应牢固，表面应平整，密实，不得有裂缝、蜂窝、麻面、起皮和起砂现象

B. 基层混凝土强度不得小于 C30

C. 基层应清洁、干燥，并应无油污、无灰尘

D. 嵌入的背衬材料与接缝壁间不得留有空隙

E. 密封防水部位的基层宜涂刷基层处理剂，涂刷应均匀，不得漏涂

三、案例题

1. 某市新建一大型文化广场，新建主体建筑总面积为65 000 m^2，地下5层，地上3层，结构形式为钢筋混凝土框架－剪力墙结构和钢结构屋架。本地下工程防水等级为一级，屋面防水年限为25年，建筑耐火等级为一级。地下室室外顶板大部分区域均种植绿化，其防水采用三道设防，具体做法如下：

(1)回填土(种植土)；

(2)土工植物一层(带根系隔离层)；

(3)25 mm厚疏水板，外伸出地下室外墙300 mm外；

(4)2 mm厚合成高分子防水涂膜两道，下伸至地下室侧墙施工缝300 mm以下，用密封膏封严；

(5)20 mm厚聚合物防水砂浆。

问题：

(1)试述钢筋混凝土框架－剪力墙结构的优点和钢结构屋架吊装程序。

(2)本地下工程防水按哪一质量验收规范进行施工？本屋面防水工程等级为几级？为确保屋面防水工程质量，应严格根据哪一质量验收规范进行施工？

(3)本工程地下室室外顶板绿化种植土厚度至少为多少？土工植物地基有什么作用？

2. 某市科技大学新建一座现代化的智能教学楼，框架－剪力墙结构，地下2层，地上18层，建筑面积为24 500 m^2，某建筑公司施工总承包，工程于2019年3月开工建设。

地下防水采用卷材防水和防水混凝土两种防水结合。施工时，施工队在防水混凝土终凝后立即进行养护，养护7 d后，开始卷材防水施工。卷材防水采用外防外贴法。先铺立面，后铺平面。

屋面采用高聚物改性沥青防水卷材，屋面施工完毕后持续淋水1 h后进行检查，并进行了蓄水检验，蓄水时间为12 h。工程于2020年8月28日竣工验收。在使用至第3年发现屋面有渗漏，学校要求原施工单位进行维修处理。

问题：

(1)屋面渗漏淋水试验和蓄水检查是否符合施工要求？请简要说明。

(2)学校的要求原施工单位进行维修处理是否合理？为什么？

(3)地下防水工程施工时哪些工作不合理？应该如何正确操作？

(4)该教学楼屋面防水工程造成渗漏的质量问题可能有哪些？

职业链接答案

项目五

建筑装饰装修工程

学习目标

【知识目标】

1. 了解建筑装饰装修工程施工质量控制要点；
2. 熟悉建筑装饰装修工程施工验收标准、验收内容；
3. 掌握建筑装饰装修结构工程验收方法。

【能力目标】

1. 能控制建筑装饰装修工程的质量；
2. 能对建筑装饰装修工程进行质量验收。

【素养目标】

1. 具备精益求精的工匠精神；
2. 具备社会责任精神；
3. 具备发现问题、解决问题的能力。

项目导学

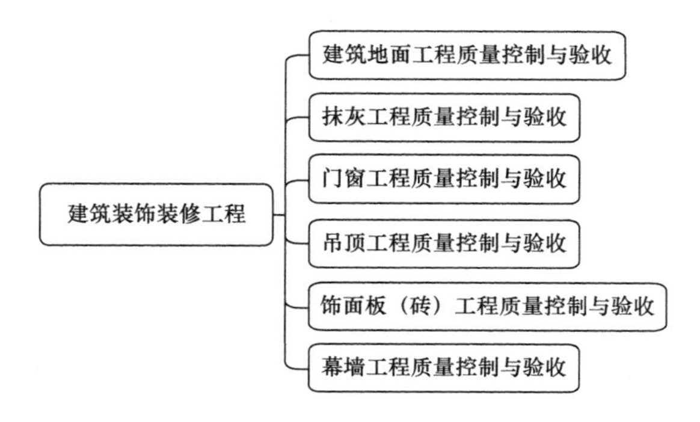

任务一　建筑地面工程质量控制与验收

任务导入

工程实例中教学楼工程所有卫生间、盥洗室等用水房间部分隔墙根部(在钢筋混凝土楼板上)做 C15 素混凝土挡水台 150 mm 高，再砌墙体。所有卫生间、盥洗室等用水房间部分的现浇楼板按建筑楼面标高降 100 mm，现浇时一定要保证密实性和整体性，并做好面层防水；其地面均做向排水口的找坡，坡度不应小于 0.5%，以保证排水。防水层上泛 1 500 mm。

室内地面做法详见表 5-1。

表 5-1　地面构造表

地面 1： 地面砖采暖地面	1. 彩色釉面砖 10 mm 厚，干水泥擦缝 2. 1 : 3 干硬性水泥砂浆结合层 20 mm 厚，表面撒水泥粉 3. 刷水泥浆一道(内掺建筑胶) 4. 细石混凝土 60 mm 厚(上下配 ϕ3@50 钢丝网片，中间配散热管) 5. 真空镀铝聚酯薄膜 0.2 mm 厚 6. 聚苯乙烯泡沫板 20 mm 厚 7. 聚合物水泥防水涂料三遍 2 mm 厚 8. 1 : 3 水泥砂浆找平层 20 mm 厚 9. C15 混凝土垫层 100 mm 厚 10. 素土夯实	使用部位	走廊 公共空间
地面 2： 地面砖地面	1. 地面砖 20 mm 厚，水泥浆擦缝 2. 1 : 3 干硬性水泥砂浆结合层 20 mm 厚，表面撒水泥粉 3. 刷水泥浆一道(内掺建筑胶) 4. 细石混凝土 80 mm 厚(内配 ϕ6 钢筋双向@200) 5. 阻燃型挤塑聚苯乙烯保温板 30 厚 6. 1 : 3 水泥砂浆找平层 20 mm 厚 7. C15 混凝土垫层 100 mm 厚 8. 素土夯实	使用部位	教室
地面 3： 防滑地砖(防水)地面	1. 高级防滑地砖铺面 5 mm 厚，干水泥浆擦缝 2. 1 : 3 干硬性水泥砂浆结合层 20 mm 厚，表面撒水泥粉 3. 聚合物水泥防水涂料三遍 2 mm 厚 4. C20 细石混凝土找坡最薄处 20 mm 厚，$i=0.5\%$ 坡向地漏 5. 1 : 3 水泥砂浆找平 20 mm 厚，四周抹小八字角 6. 刷素水泥浆一道 7. 细石混凝土 80 mm 厚(内配 ϕ6 钢筋双向@200) 8. 阻燃型挤塑聚苯乙烯保温板 30 mm 厚 9. 1 : 3 水泥砂浆找平层 20 mm 厚 10. C15 混凝土垫层 100 mm 厚 11. 素土夯实	使用部位	卫生间

任务：地面工程施工时，对板块面层进行质量控制，并填写地面工程检验批质量验收记录表。

知识储备

(1)铺设板块面层时，水泥类基层的抗压强度不得小于 1.2 MPa。

(2)铺设水泥混凝土板块、水磨石板块、人造石板块、陶瓷马赛克、陶瓷地砖、缸砖、水泥花砖、料石、大理石、花岗石等面层的结合层和填缝材料采用水泥砂浆时，在面层铺设后，表面应覆盖、湿润，养护时间不应少于 7 d。当板块面层的水泥砂浆结合层的抗压强度达到设计要求后，方可正常使用。

大理石面层和花岗石面层质量控制与检验

(3)大面积板块面层的伸、缩缝及分格缝应符合设计要求。板块类踢脚线施工时，不得采用混合砂浆打底。

(4)板块面层的允许偏差和检验方法应符合表 5-2 的规定。

表 5-2　板块面层的允许偏差和检验方法

项次	项目	允许偏差/mm											检验方法
		陶瓷马赛克面层、高级水磨石板、陶瓷地砖面层	缸砖面层	水泥花砖面层	水磨石板块面层	大理石面层、花岗石面层、人造石面层、金属板面层	塑料板面层	水泥混凝土板块面层	碎拼大理石、碎拼花岗石面层	活动地板面层	条石面层	块石面层	
1	表面平整度	2.0	4.0	3.0	3.0	1.0	2.0	4.0	3.0	2.0	10	10	用 2 m 靠尺和楔形塞尺检查
2	缝格平直	3.0	3.0	3.0	3.0	2.0	3.0	3.0	—	2.5	8.0	8.0	拉 5 m 线和用钢尺检查
3	接缝高低差	0.5	1.5	0.5	1	0.5	0.5	1.5	—	0.4	2	—	用钢尺和楔形塞尺检查
4	踢脚线上口平直	3.0	4.0	—	4.0	1.0	2.0	4.0	1.0	—	—	—	拉 5 m 线和用钢尺检查
5	板块间隙宽度	2.0	2.0	2.0	2.0	1.0	—	6.0	—	0.3	5.0	—	用钢尺检查

(5)在水泥砂浆结构层上铺贴缸砖、陶瓷地砖和水泥花砖面层前，应对砖的规格尺寸、外观质量、色泽等进行预选；需要时，浸水湿润晾干待用；勾缝和压缝应采用同品种、同强度等级、同颜色的水泥，并做养护和保护。在水泥砂浆结合层上铺贴陶瓷马赛克面层时，砖底面应洁净，每联陶瓷马赛克之间与结合层之间及在墙角、镶边和靠柱、墙处应紧密贴合。在靠柱、墙处不得采用砂浆填补。

(6)大理石、花岗石面层采用天然大理石、花岗石(或碎拼大理石、碎拼花岗石)板材，应在结合层上铺设。板材有裂缝、掉角、翘曲和表面有缺陷时应予剔除，品种不同的板材不得混

杂使用；在铺设前，应根据石材的颜色、花纹、图案、纹理等按设计要求，试拼编号。铺设大理石、花岗石面层前，板材应浸湿、晾干；结合层与板材应分段同时铺设。

板块面层铺设工程的质量检验标准见表5-3。

表5-3　板块面层铺设工程质量检验标准

项	序	项目	检验标准及要求	检验方法	检查数量
主控项目	1	砖面层	砖面层所用板块产品应符合设计要求和国家现行有关标准的规定	观察检查和检查型式检验报告、出厂检验报告、出厂合格证	同一工程、同一材料、同一生产厂家、同一型号、同一规格、同一批号检查一次
			砖面层所用板块产品进入施工现场时，应有放射性限量合格的检测报告	检查检测报告	
			面层与下一层应结合（粘结）牢固，无空鼓（单块砖边角允许有局部空鼓，但每自然间或标准间的空鼓砖不应超过总数的5%）	用小锤轻击检查	符合本表注的要求
	2	大理石面层和花岗石面层	大理石、花岗石面层所用板块产品应符合设计要求和国家现行有关标准的规定	观察检查和检查质量合格证明文件	同一工程、同一材料、同一生产厂家、同一型号、同一规格、同一批号检查一次
			大理石、花岗石面层所用板块产品进入施工现场时，应有放射性限量合格的检测报告	检查检测报告	
			面层与下一层应结合牢固，无空鼓（单块板块边角允许有局部空鼓，但每自然间或标准间的空鼓板块不应超过总数的5%）	用小锤轻击检查	符合本表注的要求
一般项目	1	砖面层	面层表面应洁净、图案清晰，色泽应一致，接缝应平整，深浅应一致，周边应顺直。板块应无裂纹、掉角和缺楞等缺陷	观察检查	符合本表注的要求
			面层邻接处的镶边用料及尺寸应符合设计要求，边角应整齐、光滑	观察和用钢尺检查	
			踢脚线表面应洁净，与柱、墙面结合应牢固。踢脚线高度和出柱、墙厚度应符合设计要求且均匀一致	观察和用小锤轻击及钢尺检查	
			楼梯、台阶踏步的宽度、高度应符合设计要求。踏步板块的缝隙宽度应一致；楼层梯段相邻踏步高度差不应大于10 mm；每踏步两端宽度差不应大于10 mm，旋转楼梯梯段的每踏步两端宽度的允许偏差不应大于5 mm。踏步面层应做防滑处理，齿角应整齐，防滑条应顺直、牢固	观察和用钢尺检查	
			面层表面的坡度应符合设计要求，不倒泛水、无积水；与地漏、管道结合处应严密牢固，无渗漏	观察、泼水或用坡度尺及蓄水检查	
			面层的允许偏差应符合表5-2的规定	见表5-2	

项	序	项目	检验标准及要求	检验方法	检查数量
一般项目	2	大理石面层和花岗石面层	大理石、花岗石面层铺设前，板块的背面和侧面应进行防碱处理	观察检查和检查施工记录	符合本表注的要求
			面层表面应洁净、平整、无磨痕，且应图案清晰，色泽一致，接缝均匀，周边顺直，镶嵌正确，板块应无裂纹、掉角和缺楞等缺陷	观察检查	
			踢脚线表面应洁净，与柱、墙面结合应牢固。踢脚线高度和出柱、墙厚度应符合设计要求且均匀一致	观察和用小锤轻击及钢尺检查	
			楼梯、台阶踏步的宽度、高度应符合设计要求。踏步板块的缝隙宽度应一致；楼层梯段相邻踏步高度差不应大于 10 mm；每踏步两端宽度差不应大于 10 mm，旋转楼梯梯段的每踏步两端宽度的允许偏差不应大于 5 mm。踏步面层应做防滑处理，齿角应整齐，防滑条应顺直、牢固	观察和用钢尺检查	
			面层表面的坡度应符合设计要求，不倒泛水、无积水；与地漏、管道结合处应严密牢固，无渗漏	观察、泼水或用坡度尺及蓄水检查	
			面层的允许偏差见质量应符合表 5-2的规定	见表 5-2	
注：每检验批应以各子分部工程的基层（各构造层）和各类面层所划分的分项工程按自然间（或标准间）检验，抽查数量应随机检验不应少于 3 间；不足 3 间，应全数检查；其中走廊（过道）应以 10 延长米为 1 间，工业厂房（按单跨计）、礼堂、门厅应以两个轴线为 1 间计算；有防水要求的建筑地面子分部工程的分项工程施工质量每检验批抽查数量应按其房间总数随机检验不应少于 4 间，不足 4 间，应全数检查。					

任务实施

任务：地面工程施工时，对板块面层进行质量控制，并填写板块面层检验批质量验收记录表 5-4。

表 5-4　板块面层检验批质量验收记录

单位（子单位）工程名称		分部（子分部）工程名称		分项工程名称	
施工单位		项目负责人		检验批容量	
分包单位		分包单位项目负责人		检验批部位	
施工依据			验收依据		

续表

		验收项目	设计要求及规范规定	最小/实际抽样数量	检查记录	检查结果
主控项目	1			/		
	2			/		
	3			/		
	4			/		
一般项目	1			/		
	2			/		
	3			/		
	4			/		
				/		
				/		
				/		
	5			/		
	6			/		
				/		
				/		
				/		
				/		
				/		
施工单位检查结果		专业工长： 项目专业质量检查员： 年 月 日				

拓展训练

某既有综合楼装修改造工程共9层，层高为3.6 m。地面工程施工中，卫生间地面防水材料铺设后，做蓄水试验：蓄水时间为24 h，深度为18 mm；大厅花岗石地面出现不规则花斑。

问题：地面工程施工中哪些做法不正确，并写出正确的施工方法。

拓展训练答案

地面找平层质量控制与检验

整体面层铺设工程质量控制与检验

育人案例

某职工宿舍墙面开裂

某县一机关修建职工住宅楼，共六栋，设计均为七层砖混结构，建筑面积 10 001 平方米，主体完工后进行墙面抹灰，采用某水泥厂生产的 325 水泥。抹灰后在两个月内相继发现该工程墙面抹灰出现开裂，并迅速发展。开始由墙面一点产生膨胀变形，形成不规则的放射状裂缝，多点裂缝相继贯通，成为典型的龟状裂缝，并且空鼓，实际上此时抹灰与墙体已产生剥离。

事故原因

后经查证，该工程所用水泥中氧化镁含量严重超高，致使水泥安定性不合格，施工单位未对水泥进行进场检验就直接使用，因此产生大面积的空鼓开裂。最后该工程墙面抹灰全面返工，造成严重的经济损失。

启示：百年大计，质量第一。工程质量的好坏关乎人命生命财产的安全。该事故中抹灰后二个月就出现裂缝，对职工造成了伤害，也造成严重的经济损失。这就要求施工单位在施工过程中要落实主体责任，完善质量保证体系，重视工程质量管理，提升质量意识，弘扬工匠精神，建人民满意的工程。实现人民对美好生活的需要。

任务二　抹灰工程质量控制与验收

任务导入

工程实例中教学楼工程室内装饰装修部分由建设单位另外委托装修公司设计及施工，故图纸仅给出室内装修的基本构造及做法，具体做法可由装修单位确定，并预先提出在结构施工时所需预埋件的尺寸、位置等要求。如装修图纸与本工程图纸产生矛盾，应由本单位设计人员与装修单位设计人员及建设单位相关人员共同协商解决。内墙做法详见表 5-5。

表 5-5　内墙构造表

内墙 1： 防水大白墙面	1. 满刮防水大白三遍 2. 混合砂浆找平 5 mm 厚 3. 混合砂浆打底扫毛 10 mm 厚 4. 抹聚丙烯纤维抗裂砂浆 10 mm 厚 5. 界面剂一道(抹前将墙面用水润湿) 6. 聚合物水泥砂浆修补墙面 7. 基层墙体	使用部位	除内墙 2 所有房间

续表

内墙2： 高级釉面砖墙面	1. 贴5 mm厚釉面砖白水泥擦缝 2. 5 mm厚强力胶水泥粘贴层，揉挤压实 3. 聚合物水泥防水涂料三遍2 mm厚(卫生间、盥洗室处设隔汽层) 4. 6 mm厚1∶2水泥砂浆打底(内掺5%防水剂) 5. 6 mm厚1∶1∶6水泥石灰膏砂浆打底扫毛 6. 刷界面处理剂一道 7. 基层墙体	使用部位	卫生间(釉面砖贴至吊顶处)

任务：抹灰工程施工时，对一般抹灰工程进行质量控制，并填写抹灰工程检验批质量验收记录表。

知识储备

(1)抹灰工程验收时应检查抹灰工程的施工图、设计说明及其他设计文件；材料的产品合格证书、性能检测报告、进场验收记录和复验报告；隐蔽工程验收记录；施工记录。

(2)抹灰工程应对砂浆的拉伸粘结强度和聚合物砂浆的保水率进行复验。抹灰工程应对抹灰总厚度大于或等于35 mm时的加强措施和不同材料基体交接处的加强措施等隐蔽工程项目进行验收。

(3)各分项工程的检验批应按下列规定划分：相同材料、工艺和施工条件的室外抹灰工程每1 000 m^2应划分为一个检验批，不足1 000 m^2也应划分为一个检验批；相同材料、工艺和施工条件的室内抹灰工程每50个自然间应划分为一个检验批，不足50间也应划分为一个检验批，大面积房间和走廊可按抹灰面积每30 m^2计为一间。

一般抹灰工程质量控制与检验

(4)当要求抹灰层具有防水、防潮功能时，应采用防水砂浆。各种砂浆抹灰层，在凝结前应防止快干、水冲、撞击、振动和受冻，在凝结后应采取措施防止玷污和损坏，水泥砂浆抹灰层应在湿润条件下养护。

(5)外墙和顶棚的抹灰层与基层之间及各抹灰层之间必须粘结牢固。外墙抹灰工程施工前应先安装钢木门窗框、护栏等，应将墙上的施工孔洞堵塞密实，并对基层进行处理。室内墙面、柱面和门洞口的阳角做法应符合设计要求，设计无要求时，应采用不低于M20水泥砂浆做护角，其高度不应低于2 m，每侧宽度不应小于50 mm。

一般抹灰工程的质量检验标准见表5-6。

表5-6 一般抹灰工程质量检验标准

项	序	项目	检验标准及要求	检验方法	检查数量
主控项目	1	基层表面	抹灰前基层表面的尘土、污垢、油渍等应清除干净，并应洒水润湿或进行界面处理	检查施工记录	室内每个检验批应至少抽查10%并不得少于3间，不足3间时应全数检查；室外每个检验批每100 m^2应至少抽查一处，每处不得小于10 m^2
	2	材料品种和性能	应符合设计要求及国家现行标准的有关规定	检查产品合格证书、进场验收记录、性能检验报告和复验报告	

续表

项	序	项目	检验标准及要求	检验方法	检查数量
主控项目	3	操作要求	抹灰工程应分层进行。当抹灰总厚度大于或等于 35 mm 时，应采取加强措施。不同材料基体交接处表面的抹灰，应采取防止开裂的加强措施，当采用加强网时，加强网与各基体的搭接宽度不应小于 100 mm	检查隐蔽工程验收记录和施工记录	室内每个检验批应至少抽查 10% 并不得少于 3 间，不足 3 间时应全数检查；室外每个检验批每 100 m^2 应至少抽查一处，每处不得小于 10 m^2
	4	层间及层面要求	抹灰层与基层之间及各抹灰层之间必须粘结牢固，抹灰层应无脱层和空鼓，面层应无爆灰和裂缝	观察；用小锤轻击检查；检查施工记录	
一般项目	1	表面质量	一般抹灰工程的表面质量应符合下列规定： (1)普通抹灰表面应光滑、洁净、接槎平整、分格缝应清晰； (2)高级抹灰表面应光滑、洁净、颜色均匀、无抹纹、分格缝和灰线应清晰美观	观察；手摸检查	同主控项目
	2	细部质量	护角、孔洞、槽、盒周围的抹灰表面应整齐、光滑；管道后面的抹灰表面应平整	观察	
	3	层总厚度及层间材料	抹灰层的总厚度应符合设计要求；水泥砂浆不得抹在石灰砂浆层上；罩面石膏灰不得抹在水泥砂浆层上	检查施工记录	
	4	分格缝	抹灰分格缝的设置应符合设计要求，宽度和深度应均匀，表面应光滑，棱角应整齐	观察；尺量检查	
	5	滴水线(槽)	有排水要求的部位应做滴水线(槽)。滴水线(槽)应整齐顺直，滴水线应内高外低，滴水槽的宽度和深度均不应小于 10 mm		
	6	允许偏差	一般抹灰工程质量的允许偏差和检验方法应符合表 5-7 的规定	见表 5-7	

表 5-7 一般抹灰的允许偏差和检验方法

项次	项目	允许偏差/mm		检验方法
		普通抹灰	高级抹灰	
1	立面垂直度	4	3	用 2 m 垂直检测尺检查
2	表面平整度	4	3	用 2 m 靠尺和塞尺检查
3	阴阳角方正	4	3	用 200 mm 直角检测尺检查
4	分格条(缝)直线度	4	3	拉 5 m 线，不足 5 m 拉通线，用钢直尺检查
5	墙裙、勒脚上口直线度	4	3	

注 (1)普通抹灰，本表第 3 项阴角方正可不检查；
(2)顶棚抹灰，本表第 2 项表面平整度可不检查，但应平顺。

任务实施

任务： 抹灰工程施工时，对一般抹灰工程进行质量控制，并填写一般抹灰检验批质量验收记录表5-8。

表5-8　一般抹灰检验批质量验收记录

<table>
<tr><td colspan="2">单位(子单位)
工程名称</td><td></td><td colspan="2">分部(子分部)
工程名称</td><td></td><td>分项工程名称</td><td></td></tr>
<tr><td colspan="2">施工单位</td><td></td><td colspan="2">项目负责人</td><td></td><td>检验批容量</td><td></td></tr>
<tr><td colspan="2">分包单位</td><td></td><td colspan="2">分包单位
项目负责人</td><td></td><td>检验批部位</td><td></td></tr>
<tr><td colspan="2">施工依据</td><td colspan="3"></td><td>验收依据</td><td colspan="2"></td></tr>
<tr><td rowspan="5">主控项目</td><td colspan="2">验收项目</td><td colspan="2">设计要求及
规范规定</td><td>最小/实际
抽样数量</td><td>检查记录</td><td>检查
结果</td></tr>
<tr><td>1</td><td></td><td colspan="2"></td><td>/</td><td></td><td></td></tr>
<tr><td>2</td><td></td><td colspan="2"></td><td>/</td><td></td><td></td></tr>
<tr><td>3</td><td></td><td colspan="2"></td><td>/</td><td></td><td></td></tr>
<tr><td>4</td><td></td><td colspan="2"></td><td>/</td><td></td><td></td></tr>
<tr><td rowspan="13">一般项目</td><td>1</td><td></td><td colspan="2"></td><td>/</td><td></td><td></td></tr>
<tr><td>2</td><td></td><td colspan="2"></td><td>/</td><td></td><td></td></tr>
<tr><td>3</td><td></td><td colspan="2"></td><td>/</td><td></td><td></td></tr>
<tr><td>4</td><td></td><td colspan="2"></td><td>/</td><td></td><td></td></tr>
<tr><td>5</td><td></td><td colspan="2"></td><td>/</td><td></td><td></td></tr>
<tr><td rowspan="8">6</td><td rowspan="3">项目</td><td colspan="2">允许偏差/mm</td><td rowspan="3">最小/实际
抽样数量</td><td rowspan="3">检查记录</td><td rowspan="3">检查
结果</td></tr>
<tr><td>普通
抹灰</td><td>高级
抹灰</td></tr>
<tr><td></td><td></td></tr>
<tr><td></td><td></td><td></td><td>/</td><td></td><td></td></tr>
<tr><td></td><td></td><td></td><td>/</td><td></td><td></td></tr>
<tr><td></td><td></td><td></td><td>/</td><td></td><td></td></tr>
<tr><td></td><td></td><td></td><td>/</td><td></td><td></td></tr>
<tr><td></td><td></td><td></td><td>/</td><td></td><td></td></tr>
<tr><td colspan="3">施工单位
检查结果</td><td colspan="5">专业工长：
项目专业质量检查员：
年　月　日</td></tr>
<tr><td colspan="3">监理(建设)单位
验收结论</td><td colspan="5">专业监理工程师：
(建设单位项目专业技术负责人)
年　月　日</td></tr>
</table>

拓展训练

某大型剧院进行维修改造，某装饰装修工程公司在公开招投标过程中获得了该维修改造任务，合同工期为5个月，合同价款为1 800万元。

(1)抹灰工程基层处理的施工过程部分记录如下：

1)在抹灰前对基层表面做了清除。

2)室内墙面、柱面和门窗洞口的阳角做法符合设计要求。

(2)工程师对抹灰工程施工质量控制的要点确定如下：

1)抹灰用的石灰膏的熟化期不应小于3 d。

2)当抹灰总厚度大于或等于15 mm时，应采取加强措施。

3)有排水要求的部位应做滴水线(槽)。

4)一般抹灰的石灰砂浆不得抹在水泥砂浆层上。

5)一般抹灰和装饰抹灰工程的表面质量应符合有关规定。

问题：

1. 抹灰前应清除基层表面的哪些物质?
2. 如果设计对室内墙面、柱面和门窗洞口的阳角做法无要求时，应怎样处理?
3. 为使基体表面在抹灰前光滑应作怎样的处理?
4. 判断工程师对抹灰工程施工质量控制要点的不妥之处，并改正。
5. 对滴水线(槽)的要求是什么?
6. 一般抹灰工程表面质量应符合的规定有哪些?
7. 装饰抹灰工程表面质量应符合的规定有哪些?

拓展训练答案

装饰抹灰工程质量控制与检验

育人案例

申报鲁班奖抹灰细部做法

工程如果想申报鲁班奖，就要在每一部都做好方案并认真实施。一般抹灰细部做法如下。

1. 基层处理

(1)砖墙基层处理：将墙面清理干净，抹灰前用喷雾器均匀湿润。

(2)混凝土墙基层处理：采用脱污剂将墙面油污脱除干净，用喷雾器均匀湿润，涂刷或机械喷涂聚合物水泥浆进行毛化处理，也可涂刷有效的混凝土界面剂。

(3)加气混凝土墙基层处理：对松动及不饱满拼缝或梁、板下的顶头缝，用砂浆填塞密实，墙面清理整修后，用喷雾器均匀湿润，涂刷或机械喷涂聚合物水泥浆进行毛化处理。

(4)用于毛化的聚合物水泥浆应进行洒水养护。

(5)基层平整度偏差超标时，采用局部凿除(凿除时不得露出钢筋)或磨平工艺，抹灰前，提前一天浇水湿润。

2. 抹灰

(1)管线开槽处应分层抹灰，防止管根部和开槽处抹灰空裂。在两种不同材料基体交接处及墙面管线开槽处，应采用钢丝网或耐碱玻璃网布做加强处理，加强网与各基体的搭接宽度不应小于100 mm。

(2)当抹灰厚度大于30 mm时，应按规定增加钢丝网固定。

(3)抹灰必须分层进行，严禁一遍成活，层间间隔以基层初凝为宜，以防收缩影响质量，面层抹灰时，要求抹压平整，抹痕一致，严禁撒干水泥收面。

(4)对于建筑物室外墙面及厂房大墙面(高或边长大于5 m)设计采用涂料装饰的应设分格缝。分格缝设置无设计要求的，施工前必须绘制效果图，报监理、业主批准后方可施工。分格缝使用黑色塑料条或软木条设置。分格缝位置原则上位于混凝土与砌体交界处及窗洞的上下边。粉刷后的分格缝应做到棱角整齐，横平竖直，环向闭合，交接处平顺，深浅宽窄一致。

(5)建筑物室外墙面抹水泥砂浆时应按比例掺加一定量的抗裂纤维，可有效防治室外墙面空裂。

(6)室内混凝土墙、柱、加气砼砌块墙面及顶棚，推广使用石膏砂浆粉刷，可减少或杜绝墙面空裂现象。

启示：鲁班奖是中国建筑业的“奥斯卡”，是每个优秀工程都向往的奖项，全称为“建筑工程鲁班奖”。1987年由中国建筑业联合会设立，1993年移交中国建筑业协会。主要目的是为了鼓励建筑施工企业加强管理，搞好工程质量，争创一流工程，推动我国工程质量水平普遍提高。鲁班奖由建设部、中国建筑业协会颁发，每年评选一次，奖励数量为每年45个。要想得到该荣誉需要在工程施工中要做到敬业、精益、专注、创新。

任务三　门窗工程质量控制与验收

任务导入

工程实例中教学楼工程内门采用成品木门，制作木门时木材均需要进行干燥处理，门扇含水率不得大于15%，门框含水率不得大于18%。

采用的各级金属防火门、防盗对讲门，可由建设单位按洞口尺寸、使用要求自行选购合格产品。提供立面图(包括开启方式、玻璃厚度)，由建设单位自行委托制造厂加工制作，除此之外，室内木门(按装修要求做或建设单位自行选购商品门)本设计只提供洞口尺寸，编号不注明型号。

门窗制造厂应详细核准洞口尺寸，方可开始制作门窗。土建施工单位应确保门窗洞口尺寸不得随意变更，如需改动，请及时通知建设单位和设计院，以免延误工期或造成浪费。

任务：门窗工程施工时，对金属门窗工程进行质量控制，并填写门窗工程检验批质量验收记录表。

知识储备

金属门窗工程质量控制与检验

门窗安装前，应对门窗洞口尺寸进行检验。门窗安装应采用预留洞口的方法施工，不得采用边安装边砌口或先安装后砌口的方法施工。当窗组合时，其拼樘料的尺寸、规格、壁厚应符合设计要求。

金属门窗安装工程的质量检验标准见表5-9。

表 5-9　金属门窗安装工程质量检验标准

项	序	项目	检验标准及要求	检验方法	检查数量
主控项目	1	门窗质量	金属门窗的品种、类型、规格、尺寸、性能、开启方向、安装位置、连接方式及门窗的型材壁厚应符合设计要求及国家现行标准的有关规定。金属门窗的防雷、防腐处理及填嵌、密封处理应符合设计要求	观察；尺量检查；检查产品合格证、性能检测报告、进场验收记录和复验报告；检查隐蔽工程验收记录	每个检验批应至少抽查5%并不得少于3樘，不足3樘时应全数检查；高层建筑的外窗，每个检验批应至少抽查10%并不得少于6樘，不足6樘时应全数检查
	2	框和附框的安装	金属门窗框和附框的安装应牢固。预埋件及锚固件的数量、位置、埋设方式、与框的连接方式应符合设计要求	手扳检查；检查隐蔽工程验收记录	
	3	门窗扇安装	金属门窗扇应安装牢固、开关灵活、关闭严密、无倒翘。推拉门窗扇应安装防止扇脱落的装置	观察；开启和关闭检查；手扳检查	
	4	配件质量及安装	金属门窗配件的型号、规格、数量应符合设计要求，安装应牢固，位置应正确，功能应满足使用要求	观察；开启和关闭检查；手扳检查	
一般项目	1	表面质量	金属门窗表面应洁净、平整、光滑、色泽一致，应无锈蚀、擦伤、划痕和碰伤。漆膜或保护层应连续。型材的表面处理应符合设计要求及国家现行标准的有关规定	观察	同主控项目
	2	金属门窗推拉门窗扇开关力	金属门窗推拉门窗扇开关力不应大于50 N	用测力计检查	
	3	框与墙体之间的缝隙	金属门窗框与墙体之间的缝隙应填嵌饱满，并应采用密封胶密封。密封胶表面应光滑、顺直、无裂纹	观察；轻敲门窗框检查；检查隐蔽工程验收记录	
	4	密封条	金属门窗扇的密封胶条或密封毛条装配应平整、完好，不得脱槽，交角处应平顺	观察；开启和关闭检查	
	5	排水孔	排水孔应畅通，位置和数量应符合设计要求	观察	
	6	留缝限值和允许偏差	金属门窗安装的留缝限值、允许偏差和检验方法应符合表5-10～表5-12的规定	见表5-10～表5-12	

表 5-10　钢门窗安装的留缝限值、允许偏差和检验方法

项次	项目		留缝限值/mm	允许偏差/mm	检验方法
1	门窗槽口宽度、高度	≤1500 mm	—	2	用钢卷尺检查
		>1500 mm	—	3	
2	门窗槽口对角线长度差	≤2 000 mm	—	3	
		>2 000 mm	—	4	

续表

项次	项目		留缝限值/mm	允许偏差/mm	检验方法
3	门窗框的正、侧面垂直度		—	3	用 1 m 垂直检测尺检查
4	门窗横框的水平度		—	3	用 1 m 水平尺和塞尺检查
5	门窗横框标高		—	5	用钢卷尺检查
6	门窗竖向偏离中心		—	4	
7	双层门窗内外框间距		—	5	
8	门窗框、扇配合间隙		≤2	—	用塞尺检查
9	平开门窗框扇搭接宽度	门	≥6	—	用钢直尺检查
		窗	≥6	—	
	推拉门窗框扇搭接宽度		≥6	—	
10	无下框时门扇与地面间留缝		4～8	—	用塞尺检查

表 5-11　铝合金门窗安装的允许偏差和检验方法

项次	项目		允许偏差/mm	检验方法
1	门窗槽口宽度、高度	≤2 000 mm	2	用钢卷尺检查
		>2 000 mm	3	
2	门窗槽口对角线长度差	≤2 500 mm	4	
		>2 500 mm	5	
3	门窗框的正、侧面垂直度		2	用 1 m 垂直检测尺检查
4	门窗横框的水平度		2	用 1 m 水平尺和塞尺检查
5	门窗横框标高		5	用钢卷尺检查
6	门窗竖向偏离中心		5	
7	双层门窗内外框间距		4	
8	推拉门窗扇与框搭接宽度	门	2	用钢直尺检查
		窗	1	

表 5-12　涂色镀锌钢板门窗安装的允许偏差和检验方法

项次	项目		允许偏差/mm	检验方法
1	门窗槽口宽度、高度	≤1 500 mm	2	用钢卷尺检查
		>1 500 mm	3	
2	门窗槽口对角线长度差	≤2 000 mm	4	
		>2 000 mm	5	
3	门窗框的正、侧面垂直度		3	用 1 m 垂直检测尺检查
4	门窗横框的水平度		3	用 1 m 水平尺和塞尺检查
5	门窗横框标高		5	用钢卷尺检查
6	门窗竖向偏离中心		5	
7	双层门窗内外框间距		4	
8	推拉门窗扇与框搭接宽度		2	用钢直尺检查

任务实施

任务：门窗工程施工时，对金属门窗工程进行质量控制，并填写金属门窗安装工程检验批质量验收记录表5-13。

表5-13　金属门窗安装工程检验批质量验收记录

单位（子单位）工程名称		分部（子分部）工程名称		分项工程名称		
施工单位		项目负责人		检验批容量		
分包单位		分包单位项目负责人		检验批部位		
施工依据			验收依据			
	验收项目		设计要求及规范规定	最小/实际抽样数量	检查记录	检查结果
主控项目	1				/	
	2				/	
	3				/	
	4				/	
一般项目	1				/	
	2				/	
	3				/	
	4				/	
	5	项目	留缝限值/mm	允许偏差/mm		
					/	
					/	
					/	
					/	
					/	
					/	
					/	
					/	
					/	
					/	
					/	
					/	
施工单位检查结果	专业工长： 项目专业质量检查员： 年　月　日					
监理（建设）单位验收结论	专业监理工程师： （建设单位项目专业技术负责人） 年　月　日					

拓展训练

某施工总承包单位承接了一地处闹市区的某商务中心的施工任务。该工程地下二层，地上二十层，基坑深为8.75 m，灌注桩基础，上部结构为现浇剪力墙结构。

为赶工程进度，施工单位在结构施工后阶段，提前进场了几批外墙金属窗，并会同监理对这几批金属窗的外观进行了查看，双方认为质量合格，准备投入使用。

问题：施工单位和监理对金属窗的检验是否正确？如不正确，该如何检验？

拓展训练答案

塑料门窗安装工程质量控制与检验

门窗玻璃安装工程质量控制与检验

育人案例

超低能耗建筑门窗

我国超低能耗建筑将进入新起点、新阶段已是共识，随着国家3060减碳战略的实施，国家层面及各个地方陆续颁布支持超低能耗建筑建设的有关政策，推动建筑节能迈向超低能耗、近零能耗、促进建筑行业低碳转型已经成为建筑领域实现“碳达峰、碳中和”目标的重要措施。

经过多年探索，我国已经初步建立了超低、近零能耗建筑的技术标准体系，在国际上率先提出了迈向零能耗建筑的“被动优先、主动优化、可再生能源最大化”的技术路径。大力发展被动式超低能耗绿色建筑将是建筑行业减碳的基石。在这类建筑中，保温隔热性能和气密性能更高的外窗是被动式超低能耗建筑的关键技术措施之一。

传统门窗中，应用最多的是铝合金和塑料门窗(PVC)两大类。铝合金兼具高强度和高模量，但是保温性能较差，而PVC阻热性能优良，模量和强度较低，两种材料均有明显的劣势，使其应用受到较大的限制。为了节能考虑，铝合金设计成为断热铝合金，这无疑牺牲了其强度优势，而塑料通过衬钢增强也降低了保温性能。随着窗户节能要求的提高，传统木窗也推出了铝木复合的节能窗，但这类窗户造价非常高。近年国家又对门窗的耐火性能提出了更高的要求，以上门窗较难通过耐火要求。

聚氨酯复材是满足超低能耗建筑的优选门窗型材。为满足超低能耗门窗面临的材料难题，万华化学研发出性能优异的聚氨酯树脂体系，复合无机不燃玻璃纤维，通过先进的拉挤工艺生产出性能优异的玻纤增强聚氨酯复合材料。这类复合材料充分发挥了聚氨酯与玻璃纤维的材料优势，使产品具有轻质高强、保温性能优异、耐火性好、尺寸稳定性好、隔音气密性好等特点，在航空航天、风电、高铁等高端领域已有大量应用。经过十多年的摸索和大量工程验证，此类材料用于制作低碳建筑门窗型材更能发挥它的综合性能优势，并且具有高性价比。

启示：实现“双碳”目标是推动绿色低碳高质量发展的内在要求。实现绿色低碳的高质量发展，要大力发展绿色低碳的建材产品，要坚定不移贯彻新发展理念，以经济社会发展全面绿色转型为引领，以能源绿色低碳发展为关键，坚定不移走生态优先、绿色低碳的高质量发展道路。

任务四　吊顶工程质量控制与验收

任务导入

工程实例中教学楼工程室内装饰装修部分由建设单位另外委托装修公司设计及施工，故图纸仅给出室内装修的基本构造及做法，具体做法可由装修单位确定，并预先提出在结构施工时所需预埋件的尺寸、位置等要求。如装修图纸与本工程图纸发生矛盾，应由本单位设计人员与装修单位设计人员及建设单位相关人员共同协商解决。天棚做法详见表 5-14。

表 5-14　天棚构造表

天棚 1： 防水大白天棚	1. 钢筋混凝土楼板 2. 刷界面处理剂一道 3. 5 mm 厚 1：2.5 水泥砂浆打底扫毛 4. 5 mm 厚 1：0.5：2.5 水泥石膏砂浆找平 5. 面层刮防水大白	使用部位	楼梯间 管道井
天棚 2： 轻钢龙骨石膏板吊顶天棚	1. 钢筋混凝土楼板预留 φ6 钢筋吊杆，中距横向 < 800 mm，纵向 < 400 mm 2. U 形轻钢龙骨 3. 9.5 mm 厚石膏板，用自攻螺丝与龙骨固定，中距 < 200	使用部位	除天棚 1 和天棚 3
天棚 3： 穿孔铝板吊顶天棚	1. 钢筋混凝土楼板 2. 板内预留吊筋@1 200 双向 3. T 形镀塑轻钢龙骨 4. 300 mm × 600 mm 穿孔铝板	使用部位	卫生间（天棚高 3 150 m）
天棚 4： 穿孔铝板吊顶天棚	1. 钢筋混凝土楼板 2. 1：3 水泥砂浆找平层 20 mm 厚 3. T 形镀塑轻钢龙骨 4. 110 mm 厚岩棉板 5. 聚合物泥胶	使用部位	架空楼板

任务：天棚施工时，对吊顶工程进行质量控制，并填写吊顶工程检验批质量验收记录表。

知识储备

（1）吊顶工程验收时应检查吊顶工程的施工图、设计说明及其他设计文件；材料的产品合格证书、性能检测报告、进场验收记录和复验报告；隐蔽工程验收记录；施工记录。

（2）吊顶工程应对下列隐蔽工程项目进行验收：吊顶内管道、设备的安装及水管试压、风管严密性检验；木龙骨防火、防腐处理；埋件；吊杆安装；龙骨安装；填充材料的设置；反支撑及钢结构转换层。

（3）同一品种的吊顶工程每 50 间应划分为一个检验批，不足 50 间也应划分为一个检验批，大面积房间和走廊可按吊顶面积 30 m^2 计为一间。

（4）吊顶工程应对人造木板的甲醛释放量进行复验。安装龙骨前，应按设计要求对房间净

高、洞口标高和吊顶内管道、设备及其支架的标高进行交接检验。

(5)吊顶工程的木龙骨和木面板应进行防火处理，并应符合有关设计防火标准的规定。吊顶工程中的埋件、钢筋吊杆和型钢吊杆应进行防腐处理。安装饰面板前应完成吊顶内管道和设备的调试及验收。

(6)吊杆距主龙骨端部距离不得大于 300 mm。当吊杆长度大于 1 500 mm 时，应设置反支撑。当吊杆与设备相遇时，应调整并增设吊杆或采用型钢支架。重型灯具和有振动荷载的设备严禁安装在吊顶工程的龙骨上。吊顶埋件与吊杆的连接、吊杆与龙骨的连接、龙骨与面板的连接应安全可靠。

(7)吊杆上部为网架、钢屋架或吊杆长度大于 2 500 mm 时，应设有钢结构转换层。大面积或狭长形吊顶面层的伸缩缝及分格缝应符合设计要求。

板块面层吊顶工程的质量检验标准见表 5-15。

表 5-15　板块面层吊顶工程质量检验标准

项	序	项目	检验标准及要求	检验方法	检查数量
主控项目	1	吊顶标高、起拱和造型	吊顶标高、尺寸、起拱和造型应符合设计要求	观察；尺量检查	每个检验批应至少抽查 10% 并不得少于 3 间，不足 3 间时应全数检查
	2	面层材料	面层材料的材质、品种、规格、图案、颜色和性能应符合设计要求及国家现行标准的有关规定。当面层材料为玻璃板时，应使用安全玻璃并采取可靠的安全措施	观察；检查产品合格证书、性能检验报告、进场验收记录和复验报告	
	3	面板安装	面板的安装应稳固严密。面板与龙骨的搭接宽度应大于龙骨受力面宽度的 2/3	观察；手扳检查；尺量检查	
	4	吊杆、龙骨材质	吊杆和龙骨的材质、规格、安装间距及连接方式应符合设计要求。金属吊杆和龙骨应进行表面防腐处理；木龙骨应进行防腐、防火处理	观察；尺量检查；检查产品合格证书、性能检验报告、进场验收记录和隐蔽工程验收记录	
	5	吊杆、龙骨安装	吊杆和龙骨安装应牢固	手扳检查；检查隐蔽工程验收记录和施工记录	
一般项目	1	面层材料表面质量	面层材料表面应洁净、色泽一致，不得有翘曲、裂缝及缺损。面板与龙骨的搭接应平整、吻合，压条应平直、宽窄一致	观察；尺量检查	同主控项目
	2	灯具等设备	面板上的灯具、烟感器、喷淋头、风口箅子和检修口等设备设施的位置应合理、美观，与面板的交接应吻合、严密	观察	
	3	龙骨接缝	金属龙骨的接缝应平整、吻合、颜色一致，不得有划伤、擦伤等表面缺陷。木质龙骨应平整、顺直、无劈裂		

续表

项	序	项目	检验标准及要求	检验方法	检查数量
一般项目	4	填充材料	吊顶内填充吸声材料的品种和铺设厚度应符合设计要求，并应有防散落措施	检查隐蔽工程验收记录和施工记录	同主控项目
	5	允许偏差	安装的允许偏差和检验方法应符合表5-16的规定	见表5-16	

表 5-16　板块面层吊顶工程安装的允许偏差和检验方法

项次	项目	允许偏差/mm				检验方法
		石膏板	金属板	矿棉板	木板、塑料板、玻璃板、复合板	
1	表面平整度	3	2	3	2	用2 m靠尺和塞尺检查
2	接缝直线度	3	2	3	3	拉5 m线，不足5 m拉通线，用钢直尺检查
3	接缝高低差	1	1	2	1	用钢直尺和塞尺检查

任务实施

任务：天棚施工时，对吊顶工程进行质量控制，并填写吊顶工程检验批质量验收记录表5-17。

表 5-17　吊顶工程检验批质量验收记录

单位(子单位)工程名称			分部(子分部)工程名称		分项工程名称	
施工单位			项目负责人		检验批容量	
分包单位			分包单位项目负责人		检验批部位	
施工依据				验收依据		
	验收项目		设计要求及规范规定	最小/实际抽样数量	检查记录	检查结果
主控项目	1			/		
	2			/		
	3			/		
	4			/		
	5			/		
一般项目	1			/		
	2			/		
	3			/		
	4			/		

续表

<table>
<tr><td rowspan="6">一
般
项
目</td><td rowspan="6">5</td><td rowspan="3">项目</td><td colspan="4">允许偏差/mm</td><td rowspan="3"></td><td rowspan="3"></td><td rowspan="3"></td></tr>
<tr><td>纸面
石膏板</td><td>金属板</td><td>矿棉板</td><td>木板、塑料
板、格栅</td></tr>
<tr><td></td><td></td><td></td><td></td></tr>
<tr><td></td><td></td><td></td><td></td><td></td><td>/</td><td></td><td></td></tr>
<tr><td></td><td></td><td></td><td></td><td></td><td>/</td><td></td><td></td></tr>
<tr><td></td><td></td><td></td><td></td><td></td><td>/</td><td></td><td></td></tr>
<tr><td colspan="3">施工单位
检查结果</td><td colspan="7">专业工长：
项目专业质量检查员：
年　月　日</td></tr>
<tr><td colspan="3">监理（建设）单位
验收结论</td><td colspan="7">专业监理工程师：
（建设单位项目专业技术负责人）
年　月　日</td></tr>
</table>

拓展训练

某既有综合楼装修改造工程共9层，层高为3.6 m。吊顶工程施工中：

(1)对人造饰面板的甲醛含量进行了复验。

(2)安装饰面板前完成了吊顶内管道和设备的调试及验收。

(3)吊杆长度为1.0 m，距主龙骨端部距离为320 mm。

(4)安装双层石膏板时，面层板与基层板的接缝一致，并在同一根龙骨上接缝。

(5)5 m×8 m办公室吊顶起拱高度为12 mm。

问题：吊顶工程施工中哪些做法不正确，并写出正确的施工方法。

拓展训练答案

整体面层吊顶工程质量控制与检验

板材隔墙工程质量控制与检验

骨架隔墙工程质量控制与检验

育人案例

“水天一色，浑然一体”

人民大会堂的万人大礼堂，是人民大会堂最为灵魂的区域，承载着召开全民大会，讨论国家政策，引领中国未来发展的重担。

设计中，采用了扇面式的座位分布，让每一个座位都能无死角的观看到主席台，将平等自由的理念贯穿进整个礼堂。礼堂整个顶棚微微隆起，与墙面呈现圆弧形，让礼堂整体看起来更

加恢宏大气的设计是周总理提出的，取自“水天一色，浑然一体”的气势。

万人大礼堂吊顶的图案设计成了顶部中央是红宝石般的巨大红色五角星灯，周围有镏金的70道光芒线和40个葵花瓣，三环水波式暗灯槽，一环大于一环，与顶棚500盏满天星灯交相辉映，创造了一幅璀璨的星图景象。顶部中央是大红色五角星灯，是因为那颗大的五角星代表的是国旗五星红旗中的那颗五角星，而五星红旗代表中国共产党领导的新中国，三环水波式暗灯槽象征着海水的波浪。红色的星灯与白色的星灯交相辉映，就如国旗上的点点星火，足以燎原，这正是中国共产主义建立的最初模样，实在让人很难不惊艳与感叹。

启示：对于中国来说，人民大会堂不仅是一个建筑，更是面向世界的政治里程碑，革命思想的代表。而对于中国人民来说，人民大会堂是人民的建筑，更是人民集体荣誉感的体现。时至今日，人民大会堂已经成为与故宫一样的中国地标性建筑，它为中国人所带来的归属感与发自内心的自豪感，是任何华丽建筑都无法替代的。

任务五　饰面板（砖）工程质量控制与验收

任务导入

工程实例中教学楼工程内墙做法详见表5-5，外墙做法详见表5-18。

表5-18　外墙构造表

外墙	构造做法		
外墙1： 贴面砖保温外墙	1. 1∶1水泥砂浆（细砂）勾缝 2. 粘贴面砖（面砖粘贴面上涂抹专用胶粘剂，然后粘贴） 3. 1∶2水泥砂浆15 mm厚 4. 100 mm厚混凝土空心砌块 5. 120 mm高轻钢龙骨，内填120 mm厚岩棉 6. 1∶2水泥砂浆找平15 mm厚 7. 基层墙体	使用部位	见立面图
外墙2： 涂料保温外墙	1. 高级外墙涂料 2. 素水泥浆压入玻纤网一层抹平压光 3. 1∶2水泥砂浆15 mm厚 4. 120 mm高轻钢龙骨，内填120 mm厚岩棉 5. 1∶2水泥砂浆找平15 mm厚 6. 基层墙体	使用部位	见立面图

任务：内外墙工程施工时，对饰面砖工程质量进行控制，并填写饰面砖工程检验批质量验收记录表。

知识储备

内墙饰面砖粘贴工程质量控制与检验

饰面砖适用于内墙饰面砖粘贴和高度不大于100 m、抗震设防烈度不大于8度、采用满粘法施工的外墙饰面砖粘贴等分项工程的质量验收。

外墙饰面砖工程施工前，应在待施工基层上做样板，并对样板的饰面砖粘结强度进行检验，其检验方法和结果判定应符合现行行业标准《建筑

工程饰面砖粘结强度检验标准》(JGJ/T 110—2017)的规定。

内墙饰面砖粘贴工程的质量检验标准见表 5-19。

表 5-19 内墙饰面砖粘贴工程质量检验标准

项	序	项目	检验标准及要求	检验方法	检查数量
主控项目	1	饰面砖质量	内墙饰面砖的品种、规格、图案、颜色和性能应符合设计要求	观察；检查产品合格证、进场验收记录、性能检验报告、复验报告	室内每个检验批应至少抽查 10% 并不得少于 3 间，不足 3 间时应全数检查；室外每个检验批每 100 m^2 应至少抽查一处，每处不得小于 10 m^2
	2	饰面砖粘贴材料	内墙饰面砖粘贴工程的找平、防水、粘结和填缝材料及施工方法应符合设计要求及国家现行标准的有关规定	检查产品合格证书、复验报告和隐蔽工程验收记录	
	3	饰面砖粘贴	内墙饰面砖粘贴必须牢固	手拍检查，检查施工记录	
	4	满粘法施工	满粘法施工的内墙饰面砖工程应无裂缝，大面和阳角应无空鼓	观察；用小锤轻击检查	
一般项目	1	表面质量	内墙饰面砖表面应平整、洁净、色泽一致，无裂痕和缺损	观察	同主控项目
	2	墙面突出物	内墙面突出物周围的饰面砖应整砖套割吻合，边缘应整齐。墙裙、贴脸凸出墙面的厚度应一致	观察，尺量检查	
	3	接缝、填嵌	内墙饰面砖接缝应平直、光滑，填嵌应连续、密实；宽度和深度符合设计要求		
	4	允许偏差	安装的允许偏差和检验方法应符合表 5-20 的规定	见表 5-20	

表 5-20 内墙饰面砖粘贴的允许偏差和检验方法

项次	项目	允许偏差/mm	检验方法
1	立面垂直度	2	用 2 m 垂直检测尺检查
2	表面平整度	3	用 2 m 靠尺和塞尺检查
3	阴阳角方正	3	用 200 mm 直角检测尺检查
4	接缝直线度	2	拉 5 m 线，不足 5 m 拉通线，用钢直尺检查
5	接缝高低差	1	用钢直尺和塞尺检查
6	接缝宽度	1	用钢直尺检查

任务实施

任务： 饰面砖工程施工时，对其进行质量控制，并填写饰面砖粘贴工程检验批质量验收记录表 5-21。

表 5-21　饰面砖粘贴工程检验批质量验收记录

<table>
<tr><td colspan="3">单位(子单位)
工程名称</td><td colspan="2"></td><td>分部(子分部)
工程名称</td><td></td><td>分项工程名称</td><td></td></tr>
<tr><td colspan="3">施工单位</td><td colspan="2"></td><td>项目负责人</td><td></td><td>检验批容量</td><td></td></tr>
<tr><td colspan="3">分包单位</td><td colspan="2"></td><td>分包单位项目负责人</td><td></td><td>检验批部位</td><td></td></tr>
<tr><td colspan="3">施工依据</td><td colspan="3"></td><td>验收依据</td><td colspan="2"></td></tr>
<tr><td rowspan="5">主控项目</td><td colspan="3">验收项目</td><td colspan="2">设计要求及规范规定</td><td>最小/实际抽样数量</td><td>检查记录</td><td>检查结果</td></tr>
<tr><td>1</td><td colspan="2"></td><td colspan="2"></td><td>/</td><td></td><td></td></tr>
<tr><td>2</td><td colspan="2"></td><td colspan="2"></td><td>/</td><td></td><td></td></tr>
<tr><td>3</td><td colspan="2"></td><td colspan="2"></td><td>/</td><td></td><td></td></tr>
<tr><td>4</td><td colspan="2"></td><td colspan="2"></td><td>/</td><td></td><td></td></tr>
<tr><td rowspan="12">一般项目</td><td>1</td><td colspan="2"></td><td colspan="2"></td><td>/</td><td></td><td></td></tr>
<tr><td>2</td><td colspan="2"></td><td colspan="2"></td><td>/</td><td></td><td></td></tr>
<tr><td>3</td><td colspan="2"></td><td colspan="2"></td><td>/</td><td></td><td></td></tr>
<tr><td>4</td><td colspan="2"></td><td colspan="2"></td><td>/</td><td></td><td></td></tr>
<tr><td>5</td><td colspan="2"></td><td colspan="2"></td><td>/</td><td></td><td></td></tr>
<tr><td rowspan="7">6</td><td rowspan="7">允许偏差/mm</td><td>项目</td><td>外墙面砖</td><td>内墙面砖</td><td></td><td></td><td></td></tr>
<tr><td></td><td></td><td></td><td>/</td><td></td><td></td></tr>
<tr><td></td><td></td><td></td><td>/</td><td></td><td></td></tr>
<tr><td></td><td></td><td></td><td>/</td><td></td><td></td></tr>
<tr><td></td><td></td><td></td><td>/</td><td></td><td></td></tr>
<tr><td></td><td></td><td></td><td>/</td><td></td><td></td></tr>
<tr><td></td><td></td><td></td><td>/</td><td></td><td></td></tr>
<tr><td colspan="3">施工单位
检查结果</td><td colspan="6">专业工长：
项目专业质量检查员：
年　月　日</td></tr>
<tr><td colspan="3">监理(建设)单位
验收结论</td><td colspan="6">专业监理工程师：
(建设单位项目专业技术负责人)
年　月　日</td></tr>
</table>

拓展训练

某建筑公司承建了一地处繁华市区的带地下车库的大厦工程，工程紧邻城市主要干道，施工现场狭窄，施工现场入口处设立了“五牌”和“两图”。工程主体 9 层，地下 3 层，建筑面积为 20 000 m^2，基础开挖深度为 12 m，地下水水位为 3 m。大厦2～12层室内采用天然大理石饰面，大理石饰面板进场检查记录如下：天然大理石建筑板材，规格 600 mm×450 mm，厚度为 18 mm，一等品。2019 年 6 月 6 日，石材进场后专业班组就开始从第 12 层开始安装。为便于灌浆操作，操作人员将结合层的砂浆厚度控制在 18 mm，每层板材安装后分两次灌浆。

2019年6月6日，专业班组请项目专职质检员检验12层走廊墙面石材饰面，结果发现局部大理石饰面产生不规则的花斑，沿墙高的中下部位空鼓的板块较多。

问题：试述装饰装修工程质量问题产生的原因和治理方法。

拓展训练答案

饰面板安装工程质量控制与检验

育人案例

外墙瓷砖掉落伤人、损毁物品由谁负责

近期，国内瓷砖脱落伤人事件频发。不幸的，三块瓷砖夺去了一个鲜活的生命；万幸的，一把雨伞惊魂一场。越来越多的瓷砖脱落伤人事件，发生在我们身边。一般发生这种情况均为老旧房屋，大多数建设于20世纪90年代之前，现在已经超过保修期。当时为了美观采用贴砖装饰外墙。由于时间长了，建筑老化，经常会发生外墙装饰瓷砖掉落情形。瓷砖掉落可能会伤及业主，也可能会致伤路人或车辆，业主应及时采取相应措施避免瓷砖掉落伤人危险发生。在危险消除前，应向相关政府部门或物管部门报告，设置警示标志、采取隔离措施，避免危险发生。

外墙瓷砖脱落对过往行人或车辆造成了伤害，责任应该由谁来承担？律师这样说：如果发生外墙瓷砖掉落伤人、损毁物品事件，相关责任人应当承担赔偿责任。因此建筑方对在保修期内的房屋进行保修；对超过保修期的房屋，全体业主应及时采取措施进行维修，防止危险发生。

启示：一是作为建筑人要具备法治意识，要对自己建造的工程负责，还要在质保期内做好工程维护，否则如果出现问题要承担责任。二是我们要意识到，科技是第一生产力。要不断推进新材料、新技术、新工艺的应用。让科技进步减少眼泪，生活更加和谐美好。

任务六　幕墙工程质量控制与验收

任务导入

工程实例中教学楼工程中透明幕墙气密性能不应低于《建筑幕墙》(GB/T 21086—2007)中《建筑幕墙气密性能设计指标一般规定》规定的3级。水密性能和抗风压性能应由幕墙专业公司依据相关现行规定经计算确定。

本工程的幕墙立面图仅表示立面形式、分格、开启方式，其中玻璃部分应执行《建筑安全玻璃管理规定》[发改运行(2003)2116号]。

幕墙设计单位负责幕墙具体设计，并向建筑设计单位提供受力条件与预埋件的设置要求，经核实后方可施工。幕墙工程应满足窗坎墙的防火避雷要求，同时，应满足外围护结构的各项物理、力学性能要求。幕墙工程应配合土建、机电、擦窗设备、景观照明工程的各项要求。玻璃幕墙的设计、制作和安装应执行《玻璃幕墙工程技术规范》(JGJ 102—2003)。

任务：幕墙工程施工时，对玻璃幕墙进行质量控制，并填写幕墙工程检验批质量验收记录表。

知识储备

幕墙工程验收时应检查幕墙工程的施工图、结构计算书、热工性能计算书、设计变更文件、设计说明及其他设计文件；建筑设计单位对幕墙工程设计的确认文件；幕墙工程所用材料、构件、组件、紧固件及其他附件的产品合格证书、性能检验报告、进场验收记录和复验报告；幕墙工程所用硅酮结构胶的抽查合格证明；国家批准的检测机构出具的硅酮结构胶相容性和剥离粘结性检验报告；石材用密封胶的耐污染性检验报告；后置埋件和槽式预埋件的现场拉拔力检验报告；封闭式幕墙的气密性能、水密性能、抗风压性能及层间变形性能检验报告；注胶、养护环境的温度、湿度记录；双组分硅酮结构胶的混匀性试验记录及拉断试验记录；幕墙与主体结构防雷接地点之间的电阻检测记录；隐蔽工程验收记录；幕墙构件、组件和面板的加工制作检验记录；幕墙安装施工记录；张拉杆索体系预拉力张拉记录；现场淋水检验记录。

幕墙工程应对下列材料及其性能指标进行复验：铝塑复合板的剥离强度；石材、瓷板、陶板、微晶玻璃板、木纤维板、纤维水泥板和石材蜂窝板的抗弯强度；严寒、寒冷地区石材、瓷板、陶板、纤维水泥板和石材蜂窝板的抗冻性；室内用花岗石的放射性；幕墙用结构胶的邵氏硬度、标准条件拉伸粘结强度、相容性试验、剥离粘结性试验；石材用密封胶的污染性；中空玻璃的密封性能；防火、保温材料的燃烧性能；铝材、钢材主受力杆件的抗拉强度。

幕墙工程应对下列隐蔽工程项目进行验收：预埋件或后置埋件、锚栓及连接件；构件的连接节点；幕墙四周、幕墙内表面与主体结构之间的封堵；伸缩缝、沉降缝、防震缝及墙面转角节点；隐框玻璃板块的固定；幕墙防雷连接节点；幕墙防火、隔烟节点；单元式幕墙的封口节点。

各分项工程的检验批应按下列规定划分：相同设计、材料、工艺和施工条件的幕墙工程每1 000 m^2应划分为一个检验批，不足1 000 m^2 也应划分为一个检验批；同一单位工程不连续的幕墙工程应单独划分检验批；对于异形或有特殊要求的幕墙，检验批的划分应根据幕墙的结构、工艺特点及幕墙工程规模，由监理单位（或建设单位）和施工单位协商确定。

幕墙及其连接件应具有足够的承载力、刚度和相对于主体结构的位移能力。当幕墙构架立柱的连接金属角码与其他连接件采用螺栓连接时，应有防松动措施。玻璃幕墙采用中性硅酮结构密封胶时，其性能应符合现行国家标准《建筑用硅酮结构密封胶》GB16776 的规定；硅酮结构密封胶应在有效期内使用。不同金属材料接触时应采用绝缘垫片分隔。

硅酮结构密封胶的注胶应在洁净的专用注胶室进行，且养护环境、温度、湿度条件应符合结构胶产品的使用规定。幕墙的防火应符合设计要求和现行国家标准《建筑设计防火规范》GB50016 的规定。幕墙与主体结构连接的各种预埋件，其数量、规格、位置和防腐处理必须符合设计要求。幕墙的变形缝等部位处理应保证缝的使用功能和饰面的完整性。

玻璃幕墙工程的质量检验标准见表5-22。

表5-22　玻璃幕墙工程质量检验项目

项	序	项目
主控项目	1	玻璃幕墙工程所用材料、构件和组件质量
	2	玻璃幕墙的造型和立面分格
	3	玻璃幕墙主体结构上的埋件

续表

项	序	项目
主控项目	4	玻璃幕墙连接安装质量
	5	隐框或半隐框玻璃幕墙玻璃托条
	6	明框玻璃幕墙的玻璃安装质量
	7	吊挂在主体结构上的全玻璃幕墙吊夹具和玻璃接缝密封
	8	玻璃幕墙节点、各种变形缝、墙角的连接点
	9	玻璃幕墙的防火、保温、防潮材料的设置
	10	玻璃幕墙防水效果
	11	金属框架和连接件的防腐处理
	12	玻璃幕墙开启窗的配件安装质量
	13	玻璃幕墙防雷
一般项目	1	玻璃幕墙表面质量
	2	玻璃和铝合金型材的表面质量
	3	明框玻璃幕墙的外露框或压条
	4	玻璃幕墙拼缝
	5	玻璃幕墙板缝注胶
	6	玻璃幕墙隐蔽节点的遮封
	7	玻璃幕墙安装偏差

任务实施

任务：幕墙工程施工时，对玻璃幕墙进行质量控制，并填写幕墙工程检验批质量验收记录表 5-23。

表 5-23 幕墙工程检验批质量验收记录

<table>
<tr><td colspan="3">单位(子单位)
工程名称</td><td colspan="2"></td><td>分部(子分部)
工程名称</td><td></td><td>分项工程名称</td><td colspan="2"></td></tr>
<tr><td colspan="3">施工单位</td><td colspan="2"></td><td>项目负责人</td><td></td><td>检验批容量</td><td colspan="2"></td></tr>
<tr><td colspan="3">分包单位</td><td colspan="2"></td><td>分包单位项目负责人</td><td></td><td>检验批部位</td><td colspan="2"></td></tr>
<tr><td colspan="3">施工依据</td><td colspan="3"></td><td>验收依据</td><td colspan="3"></td></tr>
<tr><td rowspan="5">主控项目</td><td colspan="3">验收项目</td><td colspan="2">设计要求及
规范规定</td><td>最小/实际
抽样数量</td><td colspan="2">检查记录</td><td>检查
结果</td></tr>
<tr><td>1</td><td colspan="2"></td><td colspan="2"></td><td>/</td><td colspan="2"></td><td></td></tr>
<tr><td>2</td><td colspan="2"></td><td colspan="2"></td><td>/</td><td colspan="2"></td><td></td></tr>
<tr><td>3</td><td colspan="2"></td><td colspan="2"></td><td>/</td><td colspan="2"></td><td></td></tr>
<tr><td>4</td><td colspan="2"></td><td colspan="2"></td><td>/</td><td colspan="2"></td><td></td></tr>
<tr><td rowspan="3">一般项目</td><td>1</td><td colspan="2"></td><td colspan="2"></td><td>/</td><td colspan="2"></td><td></td></tr>
<tr><td>2</td><td colspan="2"></td><td colspan="2"></td><td>/</td><td colspan="2"></td><td></td></tr>
<tr><td>3</td><td colspan="2"></td><td colspan="2"></td><td>/</td><td colspan="2"></td><td></td></tr>
</table>

续表

施工单位 检查结果	专业工长： 项目专业质量检查员： 年　月　日
监理(建设)单位 验收结论	专业监理工程师： (建设单位项目专业技术负责人) 年　月　日

拓展训练

某一级资质装饰公司承接了一幢精装修住宅工程，该幢楼的东西立面采用半隐框玻璃幕墙，南北立面采用花岗岩石材幕墙，在进行石材幕墙施工中，由于硅酮耐候胶库存不够，操作人员为了不延误工期即时采用了与硅酮耐候胶不同品牌的硅酮结构胶，事后提供了强度试验报告，证明其性能指标满足承载力的要求。

在玻璃幕墙构件大批量制作、安装前进行了“三性试验”，但第一次检测未通过，第二次检测才合格。

在玻璃板块制作车间采用双组分硅酮结构密封胶，其生产工序如下：室温为25 ℃，相对湿度为50%；清洁注胶基材表面的清洁剂为二甲苯，用白色棉布蘸入溶剂中吸取溶剂，并采用“一次擦”工艺进行清洁；清洁后的基材一般在1 h内注胶完毕；注胶完毕到现场安装的间隔时间为1周；玻璃幕墙构件的立柱采用铝合金型材，上、下闭口型材立柱通过槽口嵌固进行密闭连接；石材幕墙的横梁和立柱均采用型钢，横梁采用分段焊接连接在立柱上；在室内装饰施工中，卫生间防水采用聚氨酯涂膜施工。

问题：

1. 硅酮耐候密封胶的采用是否正确？请说明理由。施工前须提供哪些报告证明文件？
2. 玻璃幕墙的“三性试验”是指哪三性？第一次检测未通过，应采取哪些措施？
3. 玻璃板块制作的注胶工艺是否合理？如有不妥应如何处理？
4. 幕墙的立柱与横梁安装存在哪些问题？该如何整改？
5. 简述卫生间防水的施工流程。

拓展训练答案

石材幕墙工程质量控制与检验

育人案例

上海中心大厦玻璃幕墙

上海中心大厦是上海市的一座巨型高层地标式摩天大楼，其设计高度超过附近的上海环球金融中心。上海中心大厦总建筑面积为57.8万 m^2，建筑主体为地上127层，地下5层，总高为

632 m，结构高度为580 m，基地面积为30 368 m^2，机动车停车位布置在地下，可停放2 000辆。

2014年11月19日，历时2年3个月，上海中心总面积达14万 m^2 的主楼玻璃幕墙全部安装到位。

世界顶级幕墙工程

上海中心外幕墙玻璃于2012年8月2日开始安装。其墙钢结构支撑体系结构复杂，以主体结构八道桁架层为界，共分为9区，每区幕墙自我体系相对独立，是世界上首次在超高层安装14万 m^2 柔性幕墙，被业界定义为“世界顶级幕墙工程”。整个玻璃幕墙体系，不仅需要克服上下跨度大、支撑玻璃幕墙钢环梁构建超长等难题，更要综合考量如何在台风、地震、高低温、幕墙玻璃版块自重加载等各种环境因素影响下，对幕墙变形及结构安全实施有效的控制。

上海中心大厦玻璃幕

上海中心大厦外幕墙工程选择了在支撑结构体系关键点上安装允许结构伸缩的“可滑移支座”方案，赋予外幕墙在外界作用下能在设计允许范围内发生竖向或水平位移，避免幕墙结构因应力过大而破坏。而其120度旋转向上收分的外形设计，为大楼降低了24%的风荷载，也可以有效抵御台风的影响。为确保在狂风、暴雨和高压等恶劣条件下，上海中心外幕墙的各项性能达到设计要求，杜绝“玻璃雨”，外幕墙经过了水密性能、气密性能、抗风压性能、平面内变形性能的“四性测试”，以及150%设计荷载下结构安全等性能指标的试验，以保证安全。

设计师还为外幕墙的玻璃设置了重重防护：第一道防护是使用超白玻璃，与普通钢化玻璃相比，自爆率接近于零。第二道防护是玻璃中加胶片，即使玻璃在剧烈的锤击试验下慢慢破裂，所有碎片也能牢牢附着在胶片上，不会落地。同时，双层幕墙之间的空腔成为一个温度缓冲区，就像热水瓶胆一样，避免室内直接和外界进行热交换，采暖和制冷的能耗比单层幕墙降低50%左右。

启示：光鲜亮丽的背后是强大技术团队的默默付出，一次完美的成功，可能是经历了多次的挫折与失败。也只有这种不怕失败、勇往直前、无私奉献的精神，才能创造出永恒的精品。

职业链接

一、单项选择题

1. 建筑装饰装修工程所用材料(　　)符合国家有关建筑装饰材料有害物质限量的规定。

A. 不须　　B. 宜　　C. 应　　D. 可

2. 罩面用的磨细石灰粉的熟化期不应少于(　　)d。

A. 1　　B. 3　　C. 5　　D. 15

3. 室内墙面、柱面和门洞口的护角每侧宽度不应小于(　　)mm。

A. 20　　B. 50　　C. 80　　D. 100

4. 当要求抹灰层具有防水、防潮功能时，应采用(　　)。

A. 石灰砂浆　　B. 混合砂浆　　C. 防水砂浆　　D. 水泥砂浆

5. 滴水槽的宽度和深度均不应小于(　　)mm。

A. 8　　B. 10　　C. 12　　D. 15

6. 甲醛限量标志为 E_1 的人造板(　　)。

A. 可直接用于室内　　B. 必须饰面处理后用于室内

C. 不可用于室内　　D. 不可直接用于室内

7. 塑料门窗框与墙体间缝隙应采用(　　)填嵌饱满。

A. 混合砂浆　　B. 油膏　　C. 闭孔弹线材料　　D. 水泥砂浆

8. 轻质隔墙用板有隔声、隔热、阻挠、防潮等要求的，板材应有相应性能的(　　)报告。

A. 检测　　B. 复验　　C. 型式检验　　D. 现场抽样检测

9. 采用湿作业法施工的饰面板工程，石材应进行(　　)处理。

A. 打胶　　B. 防碱背涂　　C. 界面剂　　D. 毛化

10. 玻璃幕墙应使用(　　)玻璃，其厚度不应小于6 mm。

A. 普通浮法　　B. 半钢化　　C. 安全　　D. 镀膜

二、多项选择题

1. 建筑装饰装修工程所用材料进场包装应完好，应有(　　)。

A. 合格证书　　B. 中文说明书　　C. 相关性能的检测报告

D. 卫生检验报告　　E. 化学分析报告

2. 抹灰工程应对水泥的(　　)进行复验。

A. 凝结时间　　B. 安定性　　C. 强度　　D. 细度　　E. SO_2

3. 建筑外墙金属窗、塑料窗的复验指标为(　　)。

A. 抗风压性能　　B. 空气渗透性能　　C. 雨水渗漏性能

D. 平面变形性能　　E. 漏风性能

4. 龙骨安装前，应按设计要求对(　　)进行交接检验。

A. 地面标高　　B. 房间净高　　C. 洞口标高

D. 吊顶内管道　　E. 设备及其支架的标高

5. 饰面板(砖)应对外墙陶瓷面砖的(　　)复验。

A. 吸水率　　B. 抗冻性(寒冷地区)　　C. 抗压强度

D. 抗折强度　　E. 密度

三、案例题

1. 某建筑装饰装修工程，业主与承包商签订的施工合同协议条款约定如下：

工程概况：该工程为现浇混凝土框架结构，18层，建筑面积为110 000 m^2，平面呈“L”形，在平面变形处设有一道变形缝，结构工程于2018年6月28日已验收合格。

施工范围：首层到18层的公共部分，包括各层电梯厅、卫生间、首层大堂等的建筑装饰装修工程，建筑装饰装修工程建筑面积13 000 m^2。

质量等级：合格。

工期：2018年7月6日开工，2018年12月28日竣工。

开工前，建筑工程专业建造师(担任项目经理，下同)主持编制施工组织设计时拟订的施工方案以变形缝为界，分两个施工段施工，并制定了详细的施工质量检验计划，明确了分部(子分部)工程、分项工程的检查点。其中，第三层铝合金门窗工程检查点的检查时间为2018年9月16日。

问题：

(1)该建筑装饰装修工程的分项工程应如何划分检验批？

(2)第三层门窗工程于2018年9月16日如期安装完成，建筑工程专业建造师安排由资料员填写质量验收记录，项目专业质量检查员代表企业参加验收，并签署检查评定结果，项目专业质量检查员签署的检查评定结果为合格。请问该建造师的安排是否妥当？质检员如何判定门窗工程检验批是否合格？

(3)2018年10月22日铝合金门窗安装全部完工，建筑工程专业建造师安排由项目专业质量检查员参加验收，并记录检查结果，签署检查评价结论。请问该建造师的安排是否妥当？如何判定铝合金门窗安装工程是否合格？

(4)2018年11月16日门窗工程全部完工，具备规定检查的文件和记录，规定的有关安全和功能的检测项目检测合格。为此，建筑工程专业建造师签署了该子分部工程检查记录，并交监理单位(建设单位)验收。请问该建造师的做法正确吗?

(5)2018年12月28日工程如期竣工，建筑工程专业建造师应如何选择验收方案，如何确定该工程是否具备竣工验收条件?单位工程观感质量如何评定?

(6)综合以上问题，按照过程控制方法，建筑装饰装修工程质量验收有哪些过程?

2. 某大学图书馆进行装修改造，根据施工设计和使用功能的要求，采用大量的轻质隔墙。外墙采用建筑幕墙，承揽该装修改造工程的施工单位根据《建筑装饰装修工程质量验收标准》(GB 50210—2018)规定，对工程细部构造施工质量的控制做了大量的工作。

该施工单位在轻质隔墙施工过程中提出以下技术要求:

(1)板材隔墙施工过程中如遇到门洞，应从两侧向门洞处依次施工。

(2)石膏板安装牢固时，隔墙端部的石膏板与周围的墙、柱应留有10 mm的槽口，槽口处加泛嵌缝膏，使面板与邻近表面接触紧密。

(3)当轻质隔墙下端用木踢脚覆盖时，饰面板应与地面留有5～10 mm缝隙。

(4)石膏板的接缝缝隙应保证为8～10 mm。

该施工单位在施工过程中将特别注重现场文明施工和现场的环境保护措施，工程施工后，被评为优质工程。

问题:

(1)建筑装饰装修工程的细部构造是指哪些子分部工程中的细部节点构造?

(2)轻质隔墙按构造方式和所用材料的种类不同可分为哪几种类型?石膏板属于哪种轻质隔墙?

(3)逐条判断该施工单位在轻质隔墙施工过程中提出的技术要求的正确与否。若不正确，请改正。

(4)简述板材隔墙的施工工艺流程。

(5)轻质隔墙的节点处理主要包括哪几项?

职业链接答案

模块二　建筑工程安全管理

项目六　施工现场安全管理

学习目标

【知识目标】

1. 熟悉施工现场安全管理所包含的内容；
2. 掌握施工现场文明施工的做法；
3. 掌握施工现场“三宝、四口”及临边防护的相关要求；
4. 熟悉施工用电的技术要求。

【能力目标】

1. 能进行施工现场安全管理并填写安全管理检查表格；
2. 能对施工现场文明施工的做法进行评定并填写检查表格；
3. 能进行对施工现场“三宝、四口”及临边防护进行评定并填写检查表格；
4. 能进行施工用电检查；
5. 具备发现问题、及时解决问题的职业能力。

【素养目标】

1. 培养明辨是非的工程伦理精神；
2. 具备精益求精的大国工匠精神；
3. 具备质量意识，安全意识、劳动意识和法治意识；
4. 培养遵纪守法，诚实守信，团结协作的职业道德。

项目导学

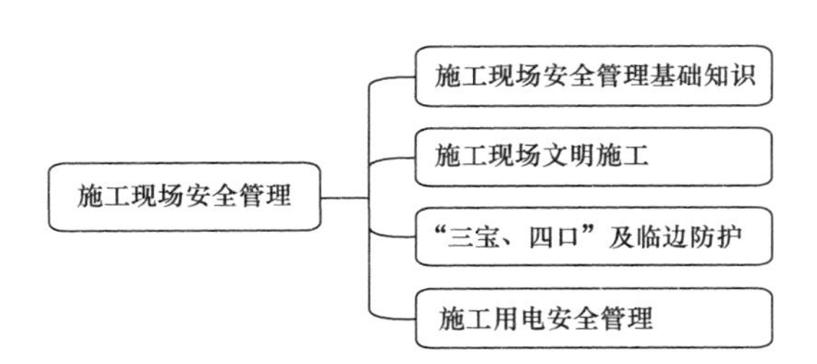

任务一　施工现场安全管理基础知识

任务导入

工程实例采取的安全管理保证措施如下。

1. 施工现场安全管理

(1)施工现场的项目工程负责人为安全生产的第一责任者，成立以项目经理为主，由主工长、施工员、安全员、班组长等参加的安全生产管理小组并组成安全管理网络。

(2)建立安全值班制度，检查监督施工现场及班组安全制度的贯彻执行并做好安全值日记录。

(3)建立健全安全生产责任制，有针对性地进行安全技术交底，安全宣传教育，安全检查，建立安全设施验收和事故报告等管理制度。

(4)总分包工程或多单位联合施工工程总包单位应统一领导和管理安全工作，并成立以总包单位为主，分包单位参加的联合安全生产领导小组统筹协调管理施工现场的安全生产工作。

2. 施工现场的安全要求

(1)开工前根据该工程的概况特点和施工方法等编制安全技术措施，必须有详细的施工平面布置图道路临时施工用电线路布置，主要机械设备位置，办公、生活设施的安排均符合安全要求。

(2)工地周围应有与外界隔离的围护设置出入口处应有工程名称施工单位名称牌，施工现场平面图和施工现场安全管理规定，使进入该工地的人注意到醒目的安全忠告。

(3)施工队伍进场必须进行安全教育，即三级教育，安全教育主要包括安全生产思想知识技能三个方面教育，通过教育使进场新工人了解安全生产方针、政策和法规。经教育考试合格后方可上岗。从事特种作业人员必须持证上岗，必须是经国家规定的有关部门进行安全教育和安全技术培训并经考核合格，取得操作证者，方可作业。

(4)施工现场设置安全标识牌危险部位还必须悬挂按照《安全色》(GB 2893—2008)和《安全标志及其使用导则》(GB 2894—2008)规定的标牌，夜间坑洞处应设红灯示警。

(5)作业班组人员必须按有关安全技术规范进行施工作业各项安全设施脚手架、塔式起重机、安全网施工用电洞口等搭设及其防护设置完成后必须组织验收合格后方可使用。

(6)根据建设部颁发的《建筑施工安全检查标准》(JGJ 59—2011)建立健全安全管理技术资料，提高安全生产工作和文明施工的管理水平。

3. 施工项目安全组织管理

(1)实行“谁主管，谁负责”的安全工作项目经理负责制，并制定项目安全责任制，项目工程部设专职安全员。

(2)坚持“安全第一，预防为主”的方针，项目经理部在安全管理上做到：围绕安全管理目标做到目标分解到人；安全领导小组责任到人；经济合同中安全措施落实到人。分项工程技术交底中做到安全施工交底针对性强，双方签字手续齐全。每月进行一次全面普查，每周进行一次重点部位抽查。

做到检查有如下记录：检查时的施工部位、检查内容、检查时间、参加检查人员、安全隐患内容、整改责任人、整改完成时间、整改结果。

经过三级(分公司、工地、班组)安全教育，操作人员方可进入本工程内施工，各分部分项

工程施工前工长均对作业队进行安全技术交底，将书面安全技术交底签字归档。

项目工地做到安全标志明确，分布合理，三宝、四口按规定使用，做到防护有效。

(3)特殊工种，如电工、焊工、机械操作工均进行专业培训后持证上岗。

(4)主体阶段在建筑物临时入口、竖井进料口上面搭防护棚。

知识储备

安全就是安稳，即人的平安无事，物的安稳可靠，环境的安定良好。安全第一、预防为主是安全生产的方针。“安全第一”是从保护和发展生产力的角度，表明在生产范围内安全与生产的关系，肯定安全在建筑生产活动中的首要位置和重要性；“预防为主”是指在建筑生产活动中，针对建筑生产的特点，对生产要素采取管理措施，有效地控制不安全因素的发展与扩大，把可能发生的事故消灭在萌芽状态，以保证生产活动中人的安全与健康。

安全生产管理是指住房城乡建设主管部门、建设工程安全监督机构、建筑施工企业及有关单位对建设工程生产过程中的安全，进行计划、组织、指挥、控制、监督等一系列的管理活动。

安全管理检查评定项目包括安全生产责任制、施工组织设计及专项施工方案、安全技术交底、安全检查、安全教育、应急救援、分包单位安全管理、持证上岗、生产安全事故处理、安全标志。

一、安全生产责任制

安全生产责任制是指企业中各级领导、各个部门、各类人员所规定的在他们各自职责范围内对安全生产应负责的制度。

(1)工程项目部应建立以项目经理为第一责任人的各级管理人员安全生产责任制；

(2)安全生产责任制应经责任人签字确认；

(3)工程项目部应有各工种安全技术操作规程；

(4)工程项目部应按规定配备专职安全员；

(5)对实行经济承包的工程项目，承包合同中应有安全生产考核指标；

(6)工程项目部应制定安全生产资金保障制度；

(7)按安全生产资金保障制度，应编制安全资金使用计划，并应按计划实施；

(8)工程项目部应制定以伤亡事故控制、现场安全达标、文明施工为主要内容的安全生产管理目标；

(9)按安全生产管理目标和项目管理人员的安全生产责任制，应进行安全生产责任目标分解；

(10)应建立对安全生产责任制和责任目标的考核制度；

(11)按考核制度，应对项目管理人员定期进行考核。

二、施工组织设计及专项施工方案

施工组织设计是组织建设工程施工的纲领性文件，是指导施工准备和组织施工的全面性的技术、经济文件，是指导现场施工的规范性文件。施工组织设计必须在施工准备阶段完成。

(1)工程项目部在施工前应编制施工组织设计，施工组织设计应针对工程特点、施工工艺制定安全技术措施；

(2)危险性较大的分部分项工程应按规定编制安全专项施工方案，专项施工方案应有针对性，并按有关规定进行设计计算；

(3)超过一定规模危险性较大的分部分项工程，施工单位应组织专家对专项施工方案进行论证；

(4)施工组织设计、专项施工方案，应由有关部门审核，施工单位技术负责人、监理单位项目总监批准；

(5)工程项目部应按施工组织设计、专项施工方案组织实施。

三、安全技术交底

安全技术交底是落实安全技术措施及安全管理事项的重要手段之一。重大安全技术措施及重要部位的安全技术由公司技术负责人向项目经理部技术负责人进行书面的安全技术交底；一般安全技术措施及施工现场应注意的安全事项由项目经理部技术负责人向施工作业班组、作业人员做出详细说明，并双方签字认可。

(1)施工负责人在分派生产任务时，应对相关管理人员、施工作业人员进行书面安全技术交底；

(2)安全技术交底应按施工工序、施工部位、施工栋号分部分项进行；

(3)安全技术交底应结合施工作业场所状况、特点、工序，对危险因素、施工方案、规范标准、操作规程和应急措施进行交底；

(4)安全技术交底应由交底人、被交底人、专职安全员进行签字确认。

四、安全检查

安全检查是指住房城乡建设主管部门、施工企业安全生产管理部门或项目经理部对施工企业、工程项目经理部贯彻国家安全生产法律法规的情况、安全生产情况、劳动条件、事故隐患等所进行的检查。

(1)工程项目部应建立安全检查制度；

(2)安全检查应由项目负责人组织，专职安全员及相关专业人员参加，定期进行并填写检查记录；

(3)对检查中发现的事故隐患应下达隐患整改通知单，定人、定时间、定措施进行整改。重大事故隐患整改后，应由相关部门组织复查。

五、安全教育

安全教育是实现安全生产的一项重要基础工作，它可以提高职工搞好安全生产的自觉性、积极性和创造性，增强安全意识，掌握安全知识，提高职工的自我防护能力，使安全规章制度得到贯彻执行。安全教育培训的主要内容包括安全生产思想、安全知识、安全技能、安全规程标准、安全法规、劳动保护和典型事例分析。

(1)工程项目部应建立安全教育培训制度；

(2)当施工人员入场时，工程项目部应组织进行以国家安全法律法规、企业安全制度、施工现场安全管理规定及各工种安全技术操作规程为主要内容的三级安全教育培训和考核；

(3)当施工人员变换工种或采用新技术、新工艺、新设备、新材料施工时，应进行安全教育培训；

(4)施工管理人员、专职安全员每年度应进行安全教育培训和考核。

六、应急救援

(1)工程项目部应针对工程特点，进行重大危险源的辨识。应制定防触电、防坍塌、防高处坠落、防起重及机械伤害、防火灾、防物体打击等主要内容的专项应急救援预案，并对施工现场易发生重大安全事故的部位、环节进行监控。

(2)施工现场应建立应急救援组织，培训、配备应急救援人员，定期组织员工进行应急救援演练。

(3)按应急救援预案要求，应配备应急救援器材和设备。

七、分包单位安全管理

(1)总包单位应对承揽分包工程的分包单位进行资质、安全生产许可证和相关人员安全生产资格的审查；

(2)当总包单位与分包单位签订分包合同时，应签订安全生产协议书，明确双方的安全责任；

(3)分包单位应按规定建立安全机构，配备专职安全员。

八、持证上岗

(1)从事建筑施工的项目经理、专职安全员和特种作业人员，必须经行业主管部门培训考核合格，取得相应资格证书，方可上岗作业；

(2)项目经理、专职安全员和特种作业人员应持证上岗。

九、生产安全事故处理

安全事故是人们在进行有目的的活动过程中，发生了违背人们意愿的不幸事件，使其有目的的行动暂时或永久地停止。重大安全事故，是指在施工过程中由于责任过失造成工程倒塌或废弃，机械设备破坏和安全设施失稳造成人身伤亡或重大经济损失的事故。

(1)当施工现场发生生产安全事故时，施工单位应按规定及时报告；

(2)施工单位应按规定对生产安全事故进行调查分析，制定防范措施；

(3)应依法为施工作业人员办理保险。

十、安全标志

安全标志由安全色、几何图形和图形符号构成，以此表达特定的安全信息。其目的是引起人们对不安全因素的注意，预防发生事故。安全标志可分为禁止标志、警告标志、指令标志、提示标志四类。

(1)施工现场入口处及主要施工区域、危险部位应设置相应的安全警示标志牌；

(2)施工现场应绘制安全标志布置图；

(3)应根据工程部位和现场设施的变化，调整安全标志牌设置；

(4)施工现场应设置重大危险源公示牌。

安全管理

任务实施

任务： 根据项目工程情境和安全管理控制点要求，填写安全管理检查评分表6-1。

表 6-1　安全管理检查评分表

<table>
<tr><th>序号</th><th colspan="2">检查项目</th><th>扣分标准</th><th>应得分数</th><th>扣减分数</th><th>实得分数</th></tr>
<tr><td>1</td><td rowspan="6">保证项目</td><td>安全生产责任制</td><td>未建立安全生产责任制，扣 10 分
安全生产责任制未经责任人签字确认，扣 3 分
未制定各工种安全技术操作规程，扣 10 分
未按规定配备专职安全员，扣 10 分
工程项目部承包合同中未明确安全生产考核指标，扣 8 分
未制定安全生产资金保障制度，扣 5 分
未编制安全资金使用计划或未按计划实施，扣 2 ~ 5 分
未制定伤亡控制、安全达标、文明施工等管理目标，扣 5 分
未进行安全责任目标分解的，扣 5 分
未建立安全生产责任制、责任目标考核制度，扣 5 分
未按考核制度对管理人员定期考核，扣 2 ~ 5 分</td><td>10</td><td></td><td></td></tr>
<tr><td>2</td><td>施工组织设计及专项施工方案</td><td>施工组织设计中未制定安全措施，扣 10 分
危险性较大的分部分项工程未编制安全专项施工方案，扣 3 ~ 8 分
未按规定对专项施工方案进行专家论证，扣 10 分
施工组织设计、专项施工方案未经审批，扣 10 分
安全技术措施、专项施工方案无针对性或缺少设计计算，扣 6 ~ 8 分
未按施工组织设计、专项施工方案组织实施，扣 5 ~ 10 分</td><td>10</td><td></td><td></td></tr>
<tr><td>3</td><td>安全技术交底</td><td>未进行书面安全技术交底，扣 10 分
未按分部分项进行交底，扣 5 分
交底内容不全面或针对性不强，扣 2 ~ 5 分
交底未履行签字手续，扣 2 ~ 4 分</td><td>10</td><td></td><td></td></tr>
<tr><td>4</td><td>安全检查</td><td>未建立安全检查制度，扣 10 分
未有安全检查记录，扣 5 分
事故隐患的整改未做到定人、定时间、定措施，扣 2 ~ 6 分
对重大事故隐患改通知书所列项目未按期整改和复查，扣 5 ~ 10 分</td><td>10</td><td></td><td></td></tr>
<tr><td>5</td><td>安全教育</td><td>未建立安全教育培训制度，扣 10 分
场工人员入场未进行三级安全教育培训和考核，扣 5 分
未明确具体安全教育内容，扣 2 ~ 8 分
变换工种或采用新技术、新工艺、新设备、新材料施工时未进行安全教育，扣 5 分
施工管理人员、专职安全员未按规定进行年度培训和考核，每人扣 2 分</td><td>10</td><td></td><td></td></tr>
<tr><td>6</td><td>应急预案</td><td>未制定安全生产应急预案，扣 10 分
未建立应急救援组织或未按规定配备救援人员扣 2 ~ 6 分
未配置应急救援器材和设备，扣 5 分
未定期进行应急救援演练，扣 5 分</td><td>10</td><td></td><td></td></tr>
<tr><td colspan="4">小计</td><td>60</td><td></td><td></td></tr>
<tr><td>7</td><td>一般项目</td><td>分包单位安全管理</td><td>分包单位资质、资格、分包手续不全或失效，扣 10 分
未签订安全生产协议书，扣 5 分
分包合同、安全生产协议书，签字盖章手续不全，扣 2 ~ 6 分
分包单位未按规定建立安全机构或未配备专职安全员，扣 2 ~ 6 分</td><td>10</td><td></td><td></td></tr>
</table>

续表

序号	检查项目		扣分标准	应得分数	扣减分数	实得分数
8	一般项目	持证上岗	未经培训从事施工、安全管理和特种作业，每人扣5分 项目经理、专职安全员和特种作业人员未持证上岗，每人扣2分	10		
9		生产安全事故处理	生产安全事故未按规定报告，扣10分 生产安全事故未按规定进行调查分析、制定防范措施，扣10分 未依法为施工作业人员办理保险，扣5分	10		
10		安全标志	主要施工区域、危险部位未按规定悬挂安全标志，扣2~6分 未绘制现场安全标志布置图，扣3分 未按部位和现场设施的变化调整安全标志设置，扣2~6分 未设置重大危险源公示牌，扣5分	10		
小计				40		
检查项目合计				100		

拓展训练

某高层办公楼，总建筑面积为137 500 m^2，地下3层，地上25层。业主与施工总承包单位签订了施工总承包合同，并委托了工程监理单位。

施工总承包单位完成桩基工程后，将深基坑支护工程的设计委托给了专业设计单位，并自行决定将基坑支护和土方开挖工程分包给了一家专业分包单位施工。专业设计单位根据业主提供的勘察报告完成了基坑支护设计后，即将设计文件直接给了专业分包单位。专业分包单位在收到设计文件后编制了基坑支护工程和降水工程专项施工组织方案，方案经施工总承包单位项目经理签字后即由专业分包单位组织了施工，专业分包单位在开工前进行了三级安全教育。

专业分包单位在施工过程中，由负责质量管理工作的施工人员兼任现场安全生产监督工作。土方开挖到接近基坑设计标高(自然地坪下8.5 m)时，总监理工程师发现基坑四周地表出现裂缝即向施工总承包单位发出书面通知，要求停止施工并要求立即撤离现场施工人员，查明原因后再恢复施工。但总承包单位认为地表裂缝属正常现象没有予以理睬。不久基坑发生了严重坍塌，并造成4名施工人员被掩埋，经抢救，3人死亡、1人重伤。

事故发生后，专业分包单位立即向有关安全生产监督管理部门上报了事故情况。经事故调查组调查，造成坍塌事故的主要原因是由于地质勘察资料中未表明地下存在古河道，基坑支护设计中未能考虑这一因素而造成的。事故造成直接经济损失80万元，于是专业分包单位要求设计单位赔偿事故损失80万元。

问题：

1. 请指出上述整个事件中有哪些做法不妥？并写出正确的做法。
2. 三级安全教育是指哪三级？
3. 本起事故可定为哪种等级的事故？请说明理由。
4. 本起事故中的主要责任者是谁？请说明理由。

拓展训练答案

工程参建各方安全责任

育人案例

安全管理中的数字要记牢

施工安全管理与人们的生活息息相关，与人的生命安全紧紧相连。只有重视施工安全，按安全生产的要求严格控制，才能建造出优质的工程，从而造福于人类。建筑施工是安全事故多发的行业，应引起高度重视，吸取血的教训，提高认识，防患于未然。作为建筑人要树立质量意识，安全意识、劳动意识和法治意识，在走进施工现场前大家要牢记这些数字及其含义。

“零目标”：即零事故、零伤亡、零污染、零损失。

“一个方针”：安全第一、预防为主、综合治理。

“两书一表”：两书：作业指导书、作业计划书；一表：安全检查表。

“三同时”：同时设计、同时施工、同时投产使用。

“三级”安全教育：厂级安全教育；车间级安全教育；班组安全教育。

“三违”：违章指挥、违章操作、违反劳动纪律。

“三宝”：安全帽、安全网、安全带。

“四不放过”：事故原因不清楚不放过；事故责任者和应受到教育者没有受到教育不放过；没有采取防范措施不放过；事故责任者没有受到处理不放过。

“四种理念”：安全是管出来的，不是喊出来的；搞好安全不是一切，搞不好安全没有一切；安全没有节日、借口、捷径，只有接力；安全是齐抓共管、常抓不懈、严格问责的笨功夫。

“四口”：楼梯口、通风口、预留洞口、电梯井口。

“四不伤害”：不伤害自己、不伤害他人、不被他人伤害、保护他人不伤害。

“五定原则”：对查出的安全隐患要做到定整改责任人、定整改措施、定整改完成时间、定整改完成人、定整改验收人。

“五临边”：洞口防护边、建筑物临边、楼梯口边、屋顶边、预留洞口边。

“六化”：安全管理制度化、安全设施标准化、现场布置条理化、物料摆放定制化、作业行为规范化、环境影响最小化。

“七个检查”：查认识、查机构、查制度、查台账、查设备、查隐患。

“八种违章心理”：违章时的侥幸心理；违章时的省能心理；违章时的无知心理；违章时的好奇、冒险心理；违章时的麻痹心理；违章时的从众心理；违章时的逆反心理。

“九个到位”：领导责任到位、教育培训到位、安管人员到位、规章执行到位、技术技能到位、防范措施到位、检查力度到位、整改处罚到位、全员意识到位。

“十大不安全心理因素”：侥幸、麻痹、偷懒、逞能、莽撞、心急、烦躁、赌气、自满、好奇。

“二十种不安全人”：违章作业大胆人、手忙脚乱急性人、初出茅庐年轻人、冒失鲁莽勇敢人、盲目侥幸麻痹人、难事缠身抑郁人、固执己见怪癖人、变换工种改行人、盲目指挥糊涂人、投机取巧大能人、急于求成草率人、追求任务近利人、力不从心体弱人、吊儿郎当马虎人、不愿出力懒惰人、心神不定烦心人、休息欠佳疲劳人、冒险蛮干冒险人、满不在乎粗心人、满腹牢骚气愤人。

任务二　施工现场文明施工

任务导入

工程实例采取的文明施工保证措施如下。

1. 宣传形式

现场临街进口一侧搭设门楼。门楼一侧设 4 m×6 m 广告牌。进门处设五牌一图，其中施工现场平面图按施工阶段及时调整，内容标注齐全，布置合理。五牌一图。现场悬挂标语，内容为企业承诺、企业质量方针、承建单位等。会议室内悬挂荣誉展牌，悬挂一图十三板。各项管理制度、规范化服务达标标准、职业道德规范明示上墙。办公室清洁整齐，文件图纸归类存放。

2. 现场围墙

施工现场设置 2 m 高围墙封闭，围墙用小砖砌筑，墙身顺直表面整洁坚固。

3. 封闭管理

现场出口设大门，门卫室，有门卫制度。进入施工现场均佩带工作卡。项目管理人员统一着装，举止文明，礼貌待人，禁止讲粗话、野话。门头设置企业标志。

4. 施工场地

临建、占道提前绘图办理手续，工地办公室、更衣室、宿舍、库房等搭设整齐，风格统一。主要道路、办公、生活区域前做混凝土地面。现场门口设花坛、花盆。现场卫生有专人负责，工地不见长明灯、长流水。

5. 材料堆放

(1) 现场所有料具按平面图规划，分区域分规格集中码放整齐，插牌标识，大型工具一头见齐，钢筋垫起，各种料具禁止乱堆乱放。

(2) 施工现场管理建立明确的区域分项责任制，整个现场经常保持干净整洁。

(3) 落地灰粉碎过筛后及时回收使用。工程垃圾堆放整齐，分类标识。集中保管，不乱扔乱放。楼层、道路、建筑物四周无散落混凝土和砂浆、碎砖等杂物。现场 100 m 以内无污染和垃圾。

(4) 施工作业层日干日清，完一层净一层。

(5) 水泥库高出地面 20 cm 以上，做防潮层，水泥地面压光。

(6) 易燃、易爆品分类单独存放。

6. 治安综合治理

护场人员坚守岗位，加强防范，办公室要随手关门、锁门，水平仪、经纬仪等贵重仪器要妥善保管。

7. 生活设施

(1) 现场设冲水厕所、淋浴间。设有食堂，食堂卫生符合要求，保证有卫生合格的饮用水。生活垃圾设专人负责，及时清理。

(2)淋浴间上配热水，下有排水，干净整齐。

(3)食堂灶具、炊具、调料配备齐全，室内勤打扫，保持环境卫生。食堂设排水沟，排水沟用混凝土预制板覆盖，污水经沉淀后一律排入市政下水管道。

8. 保健急救

现场设保健急救箱，有急救措施和急救器材，医务人员定期巡回医疗，开展宣传活动，培训急救人员。

9. 社区服务

施工料具的倒运轻拿轻放，禁止从楼上向下抛掷杂物。不在现场焚烧有毒有害物质。

知识储备

文明施工是指保持施工场地整洁、卫生，施工组织科学，施工程序合理的一种施工活动。实现文明施工，不仅要着重做好现场的场容管理工作，而且还要相应做好现场材料、设备、安全、技术、保卫、消防和生活卫生等方面的管理工作。一个工地的文明施工水平是该工地乃至所在企业各项管理工作水平的综合体现。

文明施工检查评定应符合国家现行标准《建设工程施工现场消防安全技术规范》(GB 50720—2011)和《建设工程施工现场环境与卫生标准》(JGJ 146—2013)、《施工现场临时建筑物技术规范》(JGJ/T 188—2009)的规定。

文明施工检查评定项目应包括现场围挡、封闭管理、施工场地、材料管理、现场办公与住宿、现场防火、综合治理、公示标牌、生活设施、社区服务。

一、现场围挡

(1)市区主要路段的工地应设置高度不小于2.5 m的封闭围挡；

(2)一般路段的工地应设置高度不小于1.8 m的封闭围挡；

(3)围挡应坚固、稳定、整洁、美观。

二、封闭管理

(1)施工现场进出口应设置大门，并应设置门卫值班室；

(2)应建立门卫职守管理制度，并应配备门卫职守人员；

(3)施工人员进入施工现场应佩戴工作卡；

(4)施工现场出入口应标有企业名称或标识，并应设置车辆冲洗设施。

三、施工场地

(1)施工现场的主要道路及材料加工区地面应进行硬化处理；

(2)施工现场道路应畅通，路面应平整坚实；

(3)施工现场应有防止扬尘措施；

(4)施工现场应设置排水设施，且排水通畅无积水；

(5)施工现场应有防止泥浆、污水、废水污染环境的措施；

(6)施工现场应设置专门的吸烟处，严禁随意吸烟；

(7)温暖季节应有绿化布置。

四、材料管理

(1)建筑材料、构件、料具应按总平面布局进行码放；

(2)材料应码放整齐，并应标明名称、规格等；
(3)施工现场材料码放应采取防火、防锈蚀、防雨等措施；
(4)建筑物内施工垃圾的清运，应采用器具或管道运输，严禁随意抛掷；
(5)易燃易爆物品应分类储藏在专用库房内，并应制定防火措施。

五、现场办公与住宿

(1)施工作业、材料存放区与办公、生活区应划分清晰，并应采取相应的隔离措施；
(2)在建工程内、伙房、库房不得兼作宿舍；
(3)宿舍、办公用房的防火等级应符合规范要求；
(4)宿舍应设置可开启式窗户，床铺不得超过 2 层，通道宽度不应小于 0.9m；
(5)宿舍内住宿人员人均面积不应小于 2.5 m^2，且不得超过 16 人；
(6)冬季宿舍内应有采暖和防一氧化碳中毒措施；
(7)夏季宿舍内应有防暑降温和防蚊蝇措施；
(8)生活用品应摆放整齐，环境卫生应良好。

六、现场防火

(1)施工现场应建立消防安全管理制度，制定消防措施；
(2)施工现场临时用房和作业场所的防火设计应符合规范要求；
(3)施工现场应设置消防通道、消防水源，并应符合规范要求；
(4)施工现场灭火器材应保证可靠有效，布局配置应符合规范要求；
(5)明火作业应履行动火审批手续，配备动火监护人员。

七、综合治理

(1)生活区内应设置供作业人员学习和娱乐的场所；
(2)施工现场应建立治安保卫制度、责任分解落实到人；
(3)施工现场应制定治安防范措施。

八、公示标牌

(1)大门口处应设置公示标牌，主要内容应包括工程概况牌、消防保卫牌、安全生产牌、文明施工牌、管理人员名单及监督电话牌、施工现场总平面图；
(2)标牌应规范、整齐、统一；
(3)施工现场应有安全标语；
(4)应有宣传栏、读报栏、黑板报。

九、生活设施

(1)应建立卫生责任制度并落实到人；
(2)食堂与厕所、垃圾站、有毒有害场所等污染源的距离应符合规范要求；
(3)食堂必须有卫生许可证，炊事人员必须持身体健康证上岗；
(4)食堂使用的燃气罐应单独设置存放间，存放间应通风良好，并严禁存放其他物品；
(5)食堂的卫生环境应良好，且应配备必要的排风、冷藏、消毒、防鼠、防蚊蝇等设施；
(6)厕所内的设施数量和布局应符合规范要求；
(7)厕所必须符合卫生要求；

(8)必须保证现场人员卫生饮水；
(9)应设置淋浴室，且能满足现场人员需求；
(10)生活垃圾应装入密闭式容器内，并应及时清理。

十、社区服务

(1)夜间施工前，必须经批准后方可进行施工；
(2)施工现场严禁焚烧各类废弃物；
(3)施工现场应制定防粉尘、防噪声、防光污染等措施；
(4)应制定施工不扰民措施。

文明施工(二)

任务实施

任务： 根据项目工程实例情境和安全管理控制点要求，填写文明施工检查评分表6-2。

表6-2　文明施工检查评分表

序号	检查项目		扣分标准	应得分数	扣减分数	实得分数
1	保证项目	现场围挡	市区主要路段的工地未设置封闭围挡或围挡高度小于2.5 m的，扣5~10分 一般路段的工地未设置封闭围挡或围挡高度小于1.8 m的，扣5~10分 围挡未达到坚固、稳定、整洁、美观，扣5~10分	10		
2		封闭管理	施工现场进出口未设置大门，扣10分 未设置门卫室，扣5分 未建立门卫值守管理制度或未配备门卫值守人员，扣2~6分 施工人员进入施工现场未佩戴工作卡，扣2分 施工现场出入口未标有企业名称或标识，扣2分 未设置车辆冲洗设施，扣3分	10		
3		施工场地	施工现场主要道路及材料加工区地面未进行硬化处理，扣5分 施工现场道路不畅通、路面不平整坚实，扣5分 施工现场未采取防尘措施，扣5分 施工现场未设置排水设施或排水不通畅、有积水，扣5分 未采取防止泥浆、污水、废水污染环境措施，扣2~10分 未设置吸烟处、随意吸烟，扣5分 温暖季节未进行绿化布置，扣3分	10		

续表

序号	检查项目		扣分标准	应得分数	扣减分数	实得分数
4	保证项目	现场材料	建筑材料、构件、料具未按总平面布局码放，扣4分 材料码放不整齐，未标明名称、规格，扣2分 施工现场材料存放未采取防火、防锈蚀、防雨措施，扣3~10分 建筑物内施工垃圾的清运未使用器具或管道运输，扣5分 易燃易爆物品未分类储藏在专用库房未采取防火措施，扣5~10分	10		
5		现场办公与住宿	在施工程、伙房、库房兼作住宿扣10分 施工作业区、材料存放区与办公、生活区未采取隔离措施扣6分 宿舍、办公用房防火等级不符合有关消防安全技术规范要求，扣10分 宿舍未设置可开启式窗户，扣4分 宿舍未设置床铺、床铺超过2层通道宽度小于0.9 m，扣2~6分 宿舍人均面积或人员数量不符合规范要求，扣5分 冬季宿舍未采取采暖和防一氧化碳中毒措施，扣5分 夏季宿舍未采取防暑降温和防蚊蝇措施，扣5分 生活用品摆放混乱、环境卫生不符合要求，扣3分	10		
6		现场防火	施工现场未制定消防安全管理制度、消防措施，扣10分 施工现场的临时用房和作业场所的防火设计不符合规范要求，扣10分 施工现场灭火器材布局、配置不合理或灭火器材失效，扣5分 施工现场消防通道、消防水源的设置不符合规范要求，扣5~10分 未办理动火审批手续或未指定动火监护人员，扣5~10分	10		
小计				60		
7	一般项目	综合治理	生活区未设置供作业人员学习和娱乐场，扣2分 施工现场未建立治安保卫制度或责任未分解到人，扣3~5分 施工现场未制定治安防范措施，扣5分	10		
8		公示标牌	大门口处设置的公示标牌内容不齐全，扣2~8分 标牌不规范，不整齐，扣3分 未设置安全标语，扣3分 未设置宣传栏、读报栏、黑板报，扣2~4分	10		
9		生活设施	食堂与厕所、垃圾站、有毒有害场所的距离不符合规范要求，扣2~6分 食堂未办理卫生许可证或未办理炊事人员健康证，扣5分 食堂使用的燃气罐未单独设置存放间或存放间通风条件不良，扣2~4分 食堂未配备排风、冷藏、消毒、防鼠、防蚊蝇等设施，扣4分 厕所内的设施数量或布局不符合规范要求，扣2~6分 厕所卫生未达到规定要求，扣4分 不能保证现场人员卫生饮水，扣5分 未设置淋浴室或淋浴室不能满足现场人员需求，扣4分 生活垃圾未装容器或未及时清理，扣3~5分	10		

续表

序号	检查项目		扣分标准	应得分数	扣减分数	实得分数
10	一般项目	社区服务	夜间未经许可施工，扣 8 分 施工现场焚烧各类废弃物，扣 8 分 施工现场未制定防粉尘、防噪声、防光污染措施，扣 5 分 未制定施工不扰民措施，扣 5 分	10		
小计				40		
检查项目合计				100		

拓展训练

某商贸集团拟为其总部建设一综合性商务大厦，建筑面积为46 800 m^2，钢筋混凝土框架－剪力墙结构，地上12层，地下3层，由市建筑设计院设计，通过招标与市建筑集团公司一公司签订了施工合同。为创优质工程，施工单位在文明施工、环境保护管理方面采取了积极有效的措施。将施工现场临时道路进行硬化处理；设专人进行现场及周边道路的清扫、洒水工作，防止扬尘，保持周边空气的清洁；建立了有效的排污系统；土方车辆出场前，在洗车池洗净车轮，拍实虚土，并采取苫盖措施，避免遗撒；施工现场设封闭的垃圾堆放点，并定时清运；设置专职保洁人员，保持现场干净整洁等。经理部在施工过程中又采取了各种措施进行降噪，协调与周边居民的关系。最终，该项目被评为市和集团公司的文明施工样板工地。

问题：

1. 文明施工主要包括哪几个方面的工作？
2. 文明施工在对现场周围环境和居民服务方面有何要求？

拓展训练答案

安全标志

“五牌一图”“两栏一报”与安全标志

育人案例

“建筑是万岁的事业”是朱德同志生前的一句话。建筑的发展可以见证历史的进步。从秦砖汉瓦，到现在品目繁多的建筑材料；从古老的庭宇，到现在耸入云天的大厦，从传统的工法到现在机器人的应用。建筑行业已经从传统的高能耗产业向着绿色、低碳方向发展(图 6-1 ~ 图 6-6)。现在的施工现场你了解吗？

图 6-1　出入口

图 6-2　出入口绿化

图 6-3　封闭围挡

图 6-4　防尘

图 6-5　宿舍

图 6-6　安全通道

任务三 “三宝、四口”及临边防护

任务导入

工程实例采取的“三宝、四口”及临边防护安全保证措施如下。

1. 临边作业

基坑周边、尚未装栏杆或栏板的阳台、料台与各种平台周边，雨篷与挑檐边，无外脚手架的屋面和楼层周边，以及水箱周边等处，都必须设置防护栏杆。

分层施工的楼梯口和梯段边，必须安装临时防护栏杆，顶层楼梯口应随工程结构的进度安装正式栏杆或临时护栏。梯段旁边也应设置一道扶手，作为临时护栏。

垂直运输设备井架与建筑物相连接的通道两侧边，也须加设护栏杆。栏杆的下部还必须加设挡脚板或挡脚竹笆或金属网片。地面上通道的顶部则应装设安全防护棚。

防护栏杆的构造：防护栏杆上杆离地的高度规定为1～1.2 m，下杆离地高度为0.5～0.6 m。基坑四周用钢管搭设护栏时，可将钢管打入地面50～70 cm深，钢管离边口的距离应不小于50 cm。在混凝土楼面、屋面或墙面固定时，可采用预埋件与钢管或其他钢材的下端焊牢。在砖或砌块等砌体上固定时，可预先砌入以扁钢作预埋件的混凝土块。

防护栏杆要自上而下用小网眼安全网封闭，或在栏杆下边加扎严密固定的挡脚笆或挡脚板。挡脚笆高度应不低于40 cm，挡脚步板高度应不低于18 cm。

2. 洞口防护

各种板与墙的洞口，按其大小和性质分别设置牢固的盖板、防护栏杆、安全网或其他防坠落的防护设施。

电梯井口、电梯井内每隔两层或最多隔10 m设置一道安全平网。在施工现场与场地通道附近的各类洞口与深度在2 m以上的敞口等处除设置防护设施与安全标志外，夜间还要挂灯示警。

楼板、屋面及平台等处平面上的洞口，边长大于25 cm，用坚实的盖板加以盖设。边长为50～150 cm的洞口，盖以用钢材制作的网格，先用扣件扣接钢管等，然后在网格上满铺竹笆或木板。边长在150 cm以上的洞口，必须在洞口的四周装设防护栏杆，并在洞口下方张挂安全平网。现场危险地段的设醒目的警示标志和夜间施工信号。

3.“三宝”防护

抓好低处及高空作业防护，防止物体打击和高空坠落，认真使用“三宝”(安全帽、安全带、安全网)，加强对四口(楼梯口、电梯口、井道口、预留洞口)、五临边(洞口防护边、建筑物临边、楼梯口边、屋顶边、预留洞口边)的设防。

知识储备

“三宝、四口”及临边防护检查评定应符合现行行业标准《建筑施工高处作业安全技术规范》(JGJ 80—2016)的规定。检查评定项目包括安全帽、安全网、安全带、临边防护、洞口防护、通道口防护、攀登作业、悬空作业、移动式操作平台、悬挑式物料钢平台。

一、安全帽

(1)进入施工现场的人员必须正确佩戴安全帽；

(2)现场使用的安全帽必须是符合国家相应标准的合格产品。

二、安全网

(1)在建工程外脚手架的外侧应采用密目式安全网进行封闭;
(2)安全网的质量应符合规范要求;

三、安全带

(1)高处作业人员应按规定系挂安全带;
(2)安全带的系挂使用应符合规范要求;
(3)安全带的质量应符合规范要求。

四、临边防护

(1)作业面边沿应设置连续的临边防护设施;
(2)临边防护设施的构造、强度应符合规范要求;
(3)临边防护设施宜定型化、工具化,杆件的规格及连接固定方式应符合规范要求。

五、洞口防护

(1)在建工程的预留洞口、楼梯口、电梯井口等孔洞应采取防护措施;
(2)防护措施、设施应符合规范要求;
(3)防护设施定型化、工具化。
(4)电梯井内应每隔 2 层且不大于 10 m 应设置安全平网防护。

六、通道口防护

(1)通道口防护应严密、牢固;
(2)防护棚两侧应采取封闭措施;
(3)防护棚宽度应大于通道口宽度,长度应符合规范要求;
(4)当建筑物高度超过 24 m 时,通道口防护顶棚应采用双层防护;
(5)防护棚的材质应符合规范要求。

七、攀登作业

(1)梯脚底部应坚实,不得垫高使用;
(2)折梯使用时上部夹角宜为 35°~45°,并应设有可靠的拉撑装置;
(3)梯子的制作质量和材质应符合规范要求。

八、悬空作业

(1)悬空作业处应设置防护栏杆或采取其他可靠的安全措施;
(2)悬空作业所使用的索具、吊具等设备应经验收,合格后方可使用。
(3)悬空作业人员应系挂安全带、佩戴工具袋。

九、移动式操作平台

(1)操作平台应按规定进行设计计算;
(2)移动式操作平台轮子与平台连接应牢固、可靠,立柱底端距地面高度不得大于 80 mm;

(3)操作平台应按设计和规范要求进行组装，铺板应严密；
(4)操作平台四周应按规范要求设置防护栏杆，并应设置登高扶梯；
(5)操作平台的材质应符合规范要求。

十、悬挑式物料钢平台

(1)悬挑式物料钢平台的制作、安装应编制专项施工方案，并应进行设计计算；
(2)悬挑式物料钢平台的下部支撑系统或上部拉结点，应设置在建筑结构上；
(3)斜拉杆或钢丝绳应按规范要求在平台两侧各设置前后两道；
(4)钢平台两侧必须安装固定的防护栏杆，并应在平台明显处设置荷载限定标牌；
(5)钢平台台面、钢平台与建筑结构间铺板应严密、牢固。

三宝、四口、五临边

任务实施

任务： 根据项目工程背景和安全管理控制点要求，填写“三宝、四口”及临边防护检查评分表 6-3。

表 6-3 “三宝、四口”及临边防护检查评分表

序号	检查项目	扣分标准	应得分数	扣减分数	实得分数
1	安全帽	施工现场人员未佩戴安全帽，每人扣 5 分 未按标准佩戴安全帽，每人扣 2 分 安全帽质量不符合现行国家相关标准的要求，扣 5 分	10		
2	安全网	在建工程外脚手架架体外侧未采用密目式安全网封闭或网间不严，扣 2 ~ 10 分 安全网质量不符合现行国家相关标准的要求，扣 10 分	10		
3	安全带	高处作业人员未按规定系挂安全带，每人扣 5 分 安全带系挂不符合要求，每人扣 5 分 安全带质量不符合现行国家相关标准的要求，扣 10 分	10		
4	临边防护	工作临边沿无临边防护，扣 10 分 临边防护设施的构造、强度不符合规范要求，扣 5 分 防护设施未形成定型化、工具化，扣 3 分	10		
5	洞口防护	在建工程的孔、洞未采取防护措施，每处扣 5 分 防护措施、设施不符合要求或不严密，每处扣 3 分 防护设施未形成定型化、工具化，扣 3 分 电梯井内未按每隔两层且不大于 10 m 设置安全平网，扣 5 分	10		

续表

序号	检查项目	扣分标准	应得分数	扣减分数	实得分数
6	通道口防护	未搭设防护棚或防护不严、不牢固，扣 5 ~ 10 分 防护棚两侧未进行封闭，扣 4 分 防护棚宽度小于通道口宽度，扣 4 分 防护棚长度不符合要求，扣 4 分 建筑物高度超过 24 m，防护棚顶未采用双层防护，扣 4 分 防护棚的材质不符合规范要求，扣 5 分	10		
7	攀登作业	移动式梯子的梯脚底部垫高使用，扣 3 分 折梯未使用可靠拉撑装置，扣 5 分 梯子的制作质量或材质不符合规范要求，扣 10 分	10		
8	悬空作业	悬空作业处未设置防护栏杆或其他可靠的安全设施，扣 5 ~ 10 分 悬空作业所用的索具、吊具等设备未经验收，扣 5 分 悬空作业人员未系挂安全带或佩带工具袋，扣 2 ~ 10 分	10		
9	移动式操作平台	操作平台未按规定进行设计计算，扣 8 分 移动式操作平台，轮子与平台的连接不牢固可靠或立柱底端距离地面超过 80 mm，扣 5 分 操作平台的组装不符合设计和规范要求，扣 10 分 平台台面铺板不严，扣 5 分 操作平台四周未按规定设置防护栏杆或未设置登高扶梯，扣 10 分 操作平台的材质不符合规范要求，扣 10 分	10		
10	悬挑式物料钢平台	悬挑式钢平台未编制专项施工方案或未经设计计算，扣 10 分 悬挑式钢平台的下部支撑系统与上部拉结点，未设置在建筑结构上，扣 10 分 斜拉杆或钢丝绳未按要求在平台两边各设置两道，扣 10 分 钢平台未按要求设置固定的防护栏杆或挡脚板，扣 3 ~ 10 分 钢平台台面铺板不严或钢平台与建筑结构之间铺板不严，扣 5 分 未在平台上明显处设置限定荷载标牌，扣 5 分	10		
检查项目合计			100		

拓展训练

某写字楼工程，地下 1 层，地上 15 层，框架 - 剪力墙结构。首层中厅高为 12 m，施工单位的项目部编制的模板支架施工方案是满堂扣件式钢管脚手架，方案由项目部技术负责人审批后实施。施工中，某工人在中厅高空搭设脚手架时随手将扳手放在脚手架上，脚手架受振动后扳手从上面滑落，顺着楼板预留洞口（平面尺寸 0.25 m × 0.50 m）砸到在地下室施工的王姓工人头部。由于王姓工人认为在室内的楼板下作业没有危险，故没有戴安全帽，被砸成重伤。

问题：

1. 说明该起安全事故的原因。
2. 写出该模板支架施工方案正确的审批程序。

拓展训练答案

3. 扳手放在脚手架上是否正确？说明理由。

4. 什么是“三宝”和“四口”？本例的预留洞口应如何防护？

高处作业

“6·21”高处坠落事故

2021年6月21日7时30分许，井冈山市龙市镇城北社区龙汇嘉园项目5楼修补施工过程中，发生一起高处坠落事故，造成1人死亡。该项目建筑用地面积8 887.73m²，共建6栋楼，建筑总面积15 244 m²。事故发生在5楼，事发时项目主体工程已完工。该工程施工单位：江西金弘建设工程有限公司，监理单位：江西省鑫洪工程管理有限公司。

事故发生前两天，施工单位施工员兼现场管理人谌某平联系施工承包人吴某烈的儿子吴某华安排人员施工收尾，吴某华对此项工作进行了安排。6月21日7时许，吴某华施工队的泥水工袁某生挑了两桶砂浆到5楼二单元北面窗边塞缝嵌水泥砂浆收口粉刷，完工后，提了1桶砂浆上6楼北面阳台修补女儿墙墙根架眼。在对女儿墙架眼外部进行塞缝嵌水泥砂浆粉刷抹面过程中，因女儿墙墙身较高无法够着，就用多块多孔砖垫脚，站在上面，在未系挂安全带(安全绳)的情况下，趴在女儿墙上探出大半个身子，手拿一根铝合金窗框条进行抹面操作，由于铝合金窗框条随手掉落，袁某生探身去摸，从女儿墙上摔出坠落到1楼地面，造成头部受重伤致死。

1. 直接原因

袁某生，安全意识淡薄，未戴安全帽，未系挂安全带(安全绳)，冒险在阳台临边进行修补女儿墙墙根架眼作业，导致从女儿墙上摔出坠落到1楼地面。

2. 间接原因

(1)施工单位存在的主要问题：①对施工人员安全教育培训和安全技术交底不到位，未保证施工人员具备必要的安全生产知识、熟悉有关的安全操作规程，致使施工人员安全意识淡薄；②现场安全管理不到位，专职安全生产管理人员未按规定配备，而且不在位，对阳台临边冒险违章作业行为未及时发现和制止，未督促施工人员采取系挂安全带(安全绳)等安全防护措施；③施工项目部经理庄某某，作为该公司在该项目的第一责任人，未认真履行安全生产管理责任，未全面督促、检查本单位的安全生产工作，未及时发现和消除生产安全事故隐患；④将承包工程违法分包给不具备承包条件的个人，未按要求配备安全防护用具，以包代管，一包了之。

(2)监理单位存在的主要问题：①安全生产管理监理责任不落实，未按照法律、法规和工程建设强制性标准实施监理，对施工中存在的问题未正式下达整改指令，更未向监管部门报告；②对项目总监和监理人员不到位履职的问题失察失管，监理有关资料不实造假，而且事故发生时，没有监理人员在位；③对项目监理人员教育管理督促不到位，工程建设监督流于形式，隐患整改督促不力，未督促施工单位落实施工安全防护措施。

(3)建设单位存在的主要问题：①未取得《建筑工程施工许可证》，就开工建设；②未按规定与施工单位签订专门的安全生产管理协议，对安全生产工作统一协调、管理及检查督促整改

不力；③对监理单位履责情况缺少有效监督，监理人员不在岗履职，现场监理流于形式；④对施工单位的管理人员缺少有效监督，专职安全生产管理人员配备不足、不在岗履职，造成安全管理力量缺乏，安全管理不到位。

(4)行业监管部门存在的主要问题：住房和城乡建设局对龙汇嘉园项目监督管理不到位。一是对建筑工程未取得《建筑工程施工许可证》进行施工违法行为和施工单位存在违法分包的行为监管不力；二是对施工现场安全管理较混乱，安全教育培训、施工安全技术交底不到位等事故隐患，未予及时制止和查处；三是对施工项目管理人员、项目总监、现场监理人员等到岗履职监督管理不严。

启示：安全是永恒的主题，事故是一种沉痛的伤害。又是一个血的教训，又是一个鲜活的生命，又是一个支离破碎的家庭，施工现场安全无小事。每一个参建人都应该牢固树立安全意识，认真对待工作，遵纪守法，按规范和操作规程执行，才能实现高高兴兴上班，安安全全下班。

任务四　施工用电安全管理

任务导入

工程实例采取的施工用电安全保证措施如下：

(1)用电管理。为实现施工现场用电安全，首先必须加强临时用电的技术管理工作，施工现场临时用电要建立临时用电安全技术档案，对于用电设备在5台及5台以上或用电设备总容量在50 kW以上的应编制“临时用电施工组织设计”，施工现场的安装、维修及拆除临时用电设施必须由经过劳动部门培训，考核合格后取得操作证的正式电工进行操作完成。

(2)施工现场与周围环境。高压线路下方不得搭设作业棚，建造生活设施或堆放构件架具材料和其他杂物等(含脚手架)的外侧与外电1～10 kV架空线路的最小安全操作距离不应小于6 m，施工现场的机动车道与外架空线路交叉时，架空线路(1～10 kV)最低点与路面垂直距离不应小于7 m，塔式起重机臂杆及被吊物的边缘与10 kV以下架空线路水平距离不得小于2 m，对于达不到以上最小安全距离的要采取防护措施，并悬挂醒目的警告指示牌。

(3)施工现场临时用电的线路。施工现场采用TN-S三相五线供电系统，工作零线和专用保护零线分开设置，在现场的电源首端设置耐火等级不低于三级的配电室，室内设低压开关柜，分成若干回路对现场进行控制，施工现场的电源支线、干线采用BLV导线穿聚乙烯管和XLV电缆埋地敷设，敷设深度应不小于－60 cm。

(4)配电箱、开关箱。施工现场实行三级控制二级保护配电系统，设总控制柜→分配电箱→开关箱，在分配电箱和开关箱加装两级漏电保护器，施工现场采用SL系列建筑施工现场专用电闸箱，电闸箱安装要端正，牢固移动式电闸箱安装在坚固的支架上，固定式电闸箱安装距地为1.3～1.5 m，移动式电箱距地0.6～1.5 m，每台设备要有各自的专用开关箱必须实行“一机一闸”制，严禁用一个开关直接控制两台及两台以上用电设备，严禁分配电箱内直接控制用电设备。

(5)照明。民工食堂及宿舍必须采用36 V安全电压作为照明电源，照明灯具的金属外壳应做保护接零，单相回路的照明灯具距地面不应低于3 m，室内照明灯具不得低于2.4 m。

知识储备

施工用电检查评定应符合国家现行标准《建设工程施工现场供用电安全规范》(GB 50194—2014)和《施工现场临时用电安全技术规范》(JGJ 46—2005)的规定。

施工用电检查评定的项目应包括外电防护、接地与接零保护系统、配电线路、配电箱与开关箱、配电室与配电装置、现场照明、用电档案。

一、外电防护

(1)外电线路与在建工程及脚手架、起重机械、场内机动车道的安全距离应符合规范要求;

(2)当安全距离不符合规范要求时,必须采取绝缘隔离防护措施,并应悬挂明显的警示标志;

(3)防护设施与外电线路的安全距离应符合规范要求,并应坚固、稳定;

(4)外电架空线路正下方不得进行施工、建造临时设施或堆放材料物品。

二、接地与接零保护系统

(1)施工现场专用的电源中性点直接接地的低压配电系统应采用TN－S接零保护系统。

(2)施工现场配电系统不得同时采用两种保护系统。

(3)保护零线应由工作接地线、总配电箱电源侧零线或总漏电保护器电源零线处引出,电气设备的金属外壳必须与保护零线连接。

(4)保护零线应单独敷设,线路上严禁装设开关或熔断器,严禁通过工作电流。

(5)保护零线应采用绝缘导线,规格和颜色标记应符合规范要求。

(6)保护零线应在总配电箱处、配电系统的中间处和末端处做重复接地。

(7)接地装置的接地线应采用2根及以上导体,在不同点与接地体做电气连接。接地体应采用角钢、钢管或光面圆钢。

(8)工作接地电阻不得大于4 Ω,重复接地电阻不得大于10 Ω。

(9)施工现场起重机、物料提升机、施工升降机、脚手架应按规范要求采取防雷措施,防雷装置的冲击接地电阻值不得大于30 Ω。

(10)做防雷接地机械上的电气设备,保护零线必须同时做重复接地。

三、配电线路

(1)线路及接头应保证机械强度和绝缘强度;

(2)线路应设短路、过载保护,导线截面应满足线路负荷电流;

(3)线路的设施、材料及相序排列、档距、与邻近线路或固定物的距离应符合规范要求;

(4)电缆应采用架空或埋地敷设并应符合规范要求,严禁沿地面明设或沿脚手架、树木等敷设;

(5)电缆中必须包含全部工作芯线和用作保护零线的芯线,并应按规定接用;

(6)室内明敷主干线距地面高度不得小于2.5 m。

四、配电箱与开关箱

(1)施工现场配电系统应采用三级配电、二级漏电保护系统,用电设备必须有各自专用的开关箱;

(2)箱体结构、箱内电器设置及使用应符合规范要求;

(3)配电箱必须分设工作零线端子板和保护零线端子板，保护零线、工作零线必须通过各自的端子板连接；

(4)总配电箱与开关箱应安装漏电保护器，漏电保护器参数应匹配并灵敏可靠；

(5)箱体应设置系统接线图和分路标记，并应有门、锁及防雨措施；

(6)箱体安装位置、高度及周边通道应符合规范要求；

(7)分配箱与开关箱间的距离不应超过30 m，开关箱与用电设备间的距离不应超过3 m。

五、配电室与配电装置

(1)配电室的建筑耐火等级不应低于三级，配电室应配置适用于电气火灾的灭火器材；

(2)配电室、配电装置的布设应符合规范要求；

(3)配电装置中的仪表、电器元件设置应符合规范要求；

(4)备用发电机组应与外电线路进行联锁；

(5)配电室应采取防止风雨和小动物侵入的措施；

(6)配电室应设置警示标志、工地供电平面图和系统图。

六、现场照明

(1)照明用电应与动力用电分设；

(2)特殊场所和手持照明灯应采用安全电压供电；

(3)照明变压器应采用双绕组安全隔离变压器；

(4)灯具金属外壳应接保护零线；

(5)灯具与地面、易燃物间的距离应符合规范要求；

(6)照明线路和安全电压线路的架设应符合规范要求；

(7)施工现场应按规范要求配备应急照明。

七、用电档案

(1)总包单位与分包单位应签订临时用电管理协议，明确各方相关责任；

(2)施工现场应制定专项用电施工组织设计、外电防护专项方案；

(3)专项用电施工组织设计、外电防护专项方案应履行审批程序，实施后应由相关部门组织验收；

(4)用电各项记录应按规定填写，记录应真实有效；

(5)用电档案资料应齐全，并应设专人管理。

施工用电安全检查

任务实施

任务：根据项目工程背景和安全管理控制点要求，填写施工用电检查评分表6-4。

表 6-4　施工用电检查评分表

<table>
<tr><th>序号</th><th colspan="2">检查项目</th><th>扣分标准</th><th>应得分数</th><th>扣减分数</th><th>实得分数</th></tr>
<tr><td>1</td><td rowspan="4">保证项目</td><td>外电防护</td><td>外电线路与在建工程及脚手架、起重机械、场内机动车道之间的安全距离不符合规范要求且未采取防护措施，扣 10 分
防护设施未设置明显的警示标志，扣 5 分
防护设施与外电线路的安全距离及搭设方式不符合规范要求，扣 5 ~ 10 分
在外电架空线路正下方施工、建造临时设施或堆放材料物品，扣 10 分</td><td>10</td><td></td><td></td></tr>
<tr><td>2</td><td>接地与接零保护系统</td><td>施工现场专用的电源中性点直接接地的低压配电系统未采用 TN-S 接零保护系统，扣 20 分
配电系统未采用同一保护系统，扣 20 分
保护零线引出位置不符合规范要求，扣 5 ~ 10 分
保护零线装设开关、熔断器或通过工作电流，扣 20 分
保护零线材质、规格及颜色标记不符合规范要求，每处扣 2 分
电气设备未接保护零线，每处扣 2 分
工作接地与重复接地的设置、安装及接地装置的材料不符合规范要求，扣 10 ~ 20 分
工作接地电阻大于 4 Ω，重复接地电阻大于 10 Ω，扣 20 分
施工现场起重机、物料提升机、施工升降机、脚手架防雷措施不符合规范要求，扣 5 ~ 10 分
做防雷接地机械上的电气设备、保护零线未做重复接地，扣 10 分</td><td>20</td><td></td><td></td></tr>
<tr><td>3</td><td>配电线路</td><td>线路及接头不能保证机械强度和绝缘强度，扣 5 ~ 10 分
线路未设短路、过载保护扣，5 ~ 10 分
线路截面不能满足负荷电流，每处扣 2 分
线路的设施，材料及相序排列、档距、与邻近线路或固定物的距离不符合规范要求，扣 5 ~ 10 分
电缆沿地面明设，沿脚手架、树木等敷设不符合规范要求，扣 5 ~ 10 分
线路敷设的电缆不符合规范要求，扣 5 ~ 10 分
室内明敷主干线距地面高度小于 2.5 m，每处扣 2 分</td><td>10</td><td></td><td></td></tr>
<tr><td>4</td><td>配电箱与开关箱</td><td>配电系统未采用“三级配电、二级漏电保护”系统，扣 10 ~ 20 分
用电设备未有各自专用的开关箱，每处扣 2 分
箱体结构，箱内电器设置不符合规范要求，扣 10 ~ 20 分
配电箱零线端子板的设置、连接不符合规范要求，扣 5 ~ 10 分
漏电保护器参数不匹配或检测不灵敏，每处扣 2 分
配电箱与开关箱电线损坏或进出线混乱，每处扣 2 分
箱体未设置系统接线图和分路标记，每处扣 2 分
箱体未设门、锁，未采取防雨措施，每处扣 2 分
箱体安装位置、高度及周边通道不符合规范要求，每处扣 2 分
分配电箱与开关箱、开关箱与用电设备的距离不符合规范要求，每处扣 2 分</td><td>20</td><td></td><td></td></tr>
<tr><td colspan="4">小计</td><td>60</td><td></td><td></td></tr>
</table>

续表

序号	检查项目		扣分标准	应得分数	扣减分数	实得分数
5	一般项目	配电室与配电装置	配电室建筑耐火等级未达到三级，扣15分 未配置适用于电气火灾的灭火器材，扣3分 配电室、配电装置布设不符合规范要求，扣5～10分 配电装置中的仪表、电气元件设置不符合规范要求或仪表、电气元件损坏，扣5～10分 备用发电机组未与外电线路进行连锁，扣15分 配电室未采取防雨雪和小动物侵入的措施，扣10分 配电室未设警示标志、工地供电平面图和系统图，扣3～5分	15		
6		现场照明	照明用电与动力用电混用，每处扣2分 特殊场所未使用36 V及以下安全电压，扣15分 手持照明灯未使用36 V以下电源供电，扣10分 照明变压器未使用双绕组安全隔离变压器，扣15分 灯具金属外壳未接保护零线，每处扣2分 灯具与地面、易燃物之间小于安全距离，每处扣2分 照明线路和安全电压线的架设不符合规范要求，扣10分 施工现场未按规范要求配备应急照明，每处扣2分	15		
7		用电档案	总包单位与分包单位未订立临时用电管理协议，扣10分 未制定专项用电施工组织设计、外电防护专项方案或设计、方案缺乏针对性，扣5～10分 专项用电施工组织设计、外电防护专项方案未履行审批程序，实施后相关部门未组织验收，扣5～10分 接地电阻、绝缘电阻和漏电保护器检测记录未填写或填写不真实，扣3分 安全技术交底、设备设施验收记录未填写或填写不真实，扣3分 定期巡视检查、隐患整改记录未填写或填写不真实，扣3分 档案资料不齐全，未设专人管理，扣3分	10		
小计				40		
检查项目合计				100		

拓展训练

某建筑公司承建了一地处繁华市区的带地下车库的大厦工程，工程紧邻城市主要干道，施工现场狭窄，施工现场入口处设立了“五牌”和“两图”。工程主体9层，地下3层，建筑面积为20 000 m^2，基础开挖深度为12 m，地下水水位为3 m。大厦2～12层室内采用天然大理石饰面，大理石饰面板进场检查记录如下：天然大理石建筑板材，规格：600 mm×450 mm，厚度为18 mm，一等品。2019年6月6日，石材进场后专业班组就开始从第12层开始安装。为便于灌浆操作，操作人员将结合层的砂浆厚度控制在18 mm，每层板材安装后分两次灌浆。建筑防水施工中发生事件一：地下室外壁防水混凝土施工缝有多处出现渗漏水；装饰装修工程中发生了事件二：2019年6月6日，专业班组请项目专职质检员检验12层走廊墙面石材饰面，结果发现局部大理石饰面产生不规则的花斑。

问题：

1. 试述建筑防水施工中事件一产生的原因和治理方法。
2. 试述装饰装修工程中事件二产生的原因和治理方法。
3. 施工临时用水量包括哪些内容？
4. 施工临时用电必须符合什么规定？

拓展训练答案

施工现场防火管理

某青工触电事故

2002年7月，金堆城钳业公司某厂在浴池管道改造时，承包工程的施工队进行管道焊接作业，某青工手持电焊机回路线往管道上搭接时触电，倒地后将回路线压在身下触电身亡。该青工在浴池潮湿的地面焊接管子时，脚上穿的塑料底布鞋、手上戴的帆布手套均已湿透。当右手拉电焊机回路线往钢管上搭接时，裸露的线头触到戴手套的左手上，使电流在回路线、人体、焊把线(已放在地上)之间形成回路，电流通过心脏。尤其是触电倒地后，在潮湿的浴池内，人体成了良好的导体，此时通过人体的电流约为70mA。而成人通常的致命电流是50mA，70mA的电流使其心脏功能衰竭、血液循环停止，造成死亡。

1. 直接原因

环境潮湿、手套不绝缘是导致青工死亡的直接原因。

2. 间接原因

(1) 青工安全意识淡薄，在焊接作业中，忽视安全，自我保护意识差。

(2) 在施工作业中违反安全操作规程和安全制度。主要表现在：①未经安全培训取证就上岗作业，不懂装懂，冒险蛮干；②电焊机初次电源线接线太长，远远超过安全规定的2～3m的长度，有的达十几米，甚至几十米，施工焊点离电源太远，中间又有障碍物挡住视线，若有人误合闸或电源线破损时，容易造成严重触电事故；③电焊机在使用中普遍存在不安装接地线和漏电保护器，这样一旦发生机壳带电，就容易造成触电事故。

(3) 劳动保护用品穿戴不全，或防护用品破损不及时更换。如有的焊工戴的手套露出手指或手掌，也有的焊工不戴专用手套，随便佩戴没有绝缘性能的布手套或线手套，在拿焊把或更换焊条时，容易发生触电事故。

启示：施工单位一定要加强职工的安全教育，提高安全意识，使他们充分认识安全的重要性，增强自我保护意识，自觉认真执行安全制度和安全规程。拒绝违章指挥，严禁违章作业，克服侥幸心理，杜绝事故发生。希望每个人都能时时把安全记心中，刻刻把安全重落实，这样筑起一座思想、行为和生命永远不倒的安全长城。

职业链接

一、单项选择题

1. 安全生产管理是实现安全生产的重要(　　)。

A. 作用　　B. 保证　　C. 依据　　D. 措施

2. 分包单位应当服从总承包单位的安全生产管理，分包单位不服从管理导致生产安全事故的，分包单位承担(　　)责任。

A. 全部　　B. 连带　　C. 主要　　D. 部分

3. (　　)是建筑施工企业所有安全规章制度的核心。

A. 安全检查制度　　B. 安全技术交底制度　　C. 安全教育制度　　D. 安全生产责任制度

4. 根据《安全色》规定，安全色分为红、黄、蓝、绿四种颜色，分别表示(　　)。

A. 禁止、指令、警告和提示　　B. 指令、禁止、警告和提示

C. 禁止、警告、指令和提示　　D. 提示、禁止、警告和指令

5. (　　)是组织工程施工的纲领性文件，是保证安全生产的基础。

A. 安全技术交底　　B. 施工组织设计　　C. 安全操作规程　　D. 企业规章制度

6. 根据建设部的有关规定，施工单位(　　)的工人，必须接受三级安全培训教育，经考核合格后，方能上岗。

A. 转岗　　B. 新入场　　C. 变换工种　　D. 从事特种作业

7. 关于施工场地划分的叙述，下列不正确的是(　　)。

A. 施工现场的办公区、生活区应当与作业区分开设置

B. 办公生活区应当设置于在建建筑物坠落半径之外，否则，应当采取相应措施

C. 生活区与作业区之间进行明显的划分隔离，是为了美化场地

D. 功能区的规划设置时还应考虑交通、水电、消防和卫生、环保等因素

8. 施工现场的场地可以适当硬化的方式是(　　)。

A. 必须做混凝土地面

B. 有条件的做混凝土地面，无条件的可以采用石屑、焦渣、砂头等方式硬化

C. 不得采用石屑、焦渣、砂头等方式硬化

D. 素土即可

9. 外电线路电压分别为 1 kV 以下、1 ~ 10 kV、35 ~ 110 kV、154 ~ 220 kV、330 ~ 500 kV 时，其最小安全操作距离应当分别为(　　)m。

A. 4、6、8、10、15　　B. 3、5、7、9、14

C. 4、6、8、10、12　　D. 6、8、10、12、15

10. 在临边堆放弃土，材料和移动施工机械应与坑边保持一定距离，当土质良好时，要距坑边(　　)远。

A. 0.5 m 以外，高度不超 0.5 m　　B. 1 m 以外，高度不超 1.5 m

C. 1 m 以外，高度不超 1 m　　D. 1.5m 以外，高度不超 2 m

二、多项选择题

1. 安全生产管理具体内容包括(　　)。

A. 安全生产法制管理　　B. 行政管理　　C. 工艺技术管理

D. 设备设施管理　　E. 作业环境和作业条件管理

2. 按照建设部关于建筑施工专职安全生产管理人员职责的有关规定，企业安全生产管理机构工作人员应当履行的职责有(　　)。

A. 调配建设工程项目的安全生产管理人员

B. 负责安全生产相关数据统计

C. 安全防护和劳动保护用品配备及检查

D. 施工现场安全督查

E. 发现现场存在安全隐患时，及时向工程项目经理报告

3. 建筑施工中通常所说的“三宝”是指(　　)。

A. 安全带　B. 安全锁　C. 安全鞋　D. 安全网　E. 安全帽

4. 电缆线路可以(　　)敷设。

A. 沿地面　B. 埋地　C. 架空　D. 沿钢支架　E. 沿脚手架

5. 建筑工地噪声主要包括(　　)。

A. 机械性噪声　B. 施工人员叫喊声　C. 空气动力性噪声

D. 电磁性噪声　E. 临街面的嘈杂声

三、案例题

某项目经理部为了创建文明施工现场，对现场管理进行了科学规划。该规划明确提出了现场管理的目的、依据和总体要求，对规范厂容、环境保护和卫生防疫作出了详细的设计。以施工平面图为依据加强场容管理，对各种可能造成污染的问题，均有防范措施，卫生防疫设施齐全。

问题：

(1)在进行现场管理规划交底时，有人说，现场管理只是项目经理部内部的事，这种说法显然是错误的，请你提出两点理由。

(2)施工现场管理和规范场容的最主要依据是什么？

(3)施工现场入口处设立的“五牌”和“一图”指的是什么？

(4)施工现场可能产生的污水有哪些？怎样处理？

(5)现场管理对医务方面的要求是什么？

职业链接答案

项目七 建筑安全技术管理

学习目标

【知识目标】

1. 熟悉基坑工程安全施工技术；
2. 熟悉模板支架安全施工技术；
3. 掌握施工现场脚手架安全施工技术；
4. 熟悉施工现场升降机械和施工机具；
5. 了解建筑施工现场安全等级评定。

【能力目标】

1. 能进行基坑工程安全检查并填写检查表格；
2. 能进行模板支架安全检查并填写检查表格；
3. 能进行施工现场脚手架检查并填写检查表格；
4. 能进行施工现场升降机械和施工机具检查并填写检查表格；
5. 具备发现问题、及时解决问题的职业能力。

【素养目标】

1. 培养明辨是非的工程伦理精神；
2. 具备精益求精的大国工匠精神；
3. 具备质量意识，安全意识、劳动意识和法治意识；
4. 培养遵纪守法，诚实守信，团结协作的职业道德。

项目导学

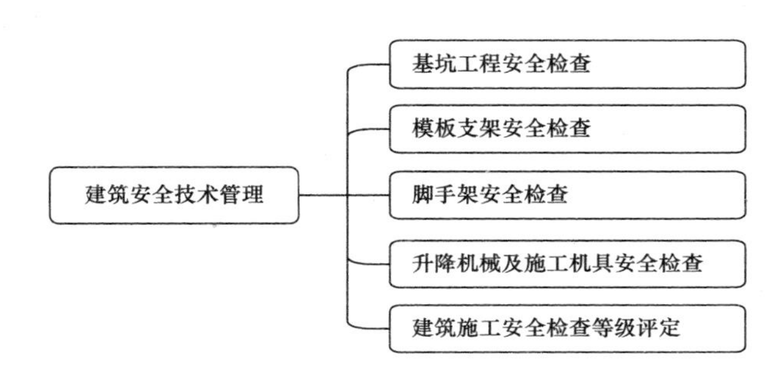

任务一　基坑工程安全检查

任务导入

工程实例采取的施工用电安全保证措施如下：

基础施工时，在独立基础基坑四周搭设一道1.2 m高防护栏，刷红白油漆。在基坑的四周不准堆放重物和行驶载重汽车，密切注意基坑边坡的稳定情况。

严禁从顶部向坑内扔石块等重物，以防伤人。基坑内施工人员要注意边坡的稳定情况，发现问题立即上报，便于及时采取措施进行保护。

知识储备

基坑支护、土方作业安全检查评定除符合现行国家标准《建筑基坑工程监测技术标准》(GB 50497—2019)、现行行业标准《建筑基坑支护技术规程》(JGJ 120—2012)、《建筑施工土石方工程安全技术规范》(JGJ 180—2009)的规定。

基坑工程检查评定保证项目包括施工方案、基坑支护、降排水、基坑开挖、坑边荷载、安全防护、基坑监测、支撑拆除、作业环境、应急预案。

一、施工方案

(1)基坑工程施工应编制专项施工方案，开挖深度超过3 m或虽未超过3 m但地质条件和周边环境复杂的基坑土方开挖、支护、降水工程，应单独编制专项施工方案；

(2)专项施工方案应按规定进行审核、审批；

(3)开挖深度超过5 m的基坑土方开挖、支护、降水工程或开挖深度虽未超过5 m但地质条件、周围环境复杂的基坑土方开挖、支护、降水工程专项施工方案，应组织专家进行论证；

(4)当基坑周边环境或施工条件发生变化时，专项施工方案应重新进行审核、审批。

二、基坑支护

(1)人工开挖的狭窄基槽，开挖深度较大并存在边坡塌方危险时，应采取支护措施；

(2)地质条件良好、土质均匀且无地下水的自然放坡的坡率应符合规范要求；

(3)基坑支护结构应符合设计要求；

(4)基坑支护结构水平位移应在设计允许范围内。

三、降排水

(1)当基坑开挖深度范围内有地下水时，应采取有效的降排水措施；

(2)基坑边沿周围地面应设排水沟；放坡开挖时，应对坡顶、坡面、坡脚采取降排水措施；

(3)基坑底四周应按专项施工方案设排水沟和集水井，并应及时排除积水。

四、基坑开挖

(1)基坑支护结构必须在达到设计要求的强度后，方可开挖下层土方，严禁提前开挖和

超挖；

(2)基坑开挖应按设计和施工方案的要求，分层、分段、均衡开挖；

(3)基坑开挖应采取措施防止碰撞支护结构、工程桩或扰动基底原状土土层；

(4)当采用机械在软土场地作业时，应采取铺设渣土或砂石等硬化措施。

五、坑边荷载

(1)基坑边堆置土、料具等荷载应在基坑支护设计允许范围内；

(2)施工机械与基坑边沿的安全距离应符合设计要求。

六、安全防护

(1)开挖深度超过 2 m 及以上的基坑周边必须安装防护栏杆，防护栏杆的安装应符合规范要求；

(2)基坑内应设置供施工人员上下的专用梯道；梯道应设置扶手栏杆，梯道的宽度不应小于 1 m，梯道搭设应符合规范要求；

(3)降水井口应设置防护盖板或围栏，并应设置明显的警示标志。

七、基坑监测

(1)基坑开挖前应编制监测方案，并应明确监测项目、监测报警值、监测方法和监测点的布置、监测周期等内容；

(2)监测的时间间隔应根据施工进度确定，当监测结果变化速率较大时，应加密观测次数；

(3)基坑开挖监测工程中，应根据设计要求提交阶段性监测报告。

八、支撑拆除

(1)基坑支撑结构的拆除方式、拆除顺序应符合专项施工方案的要求；

(2)当采用机械拆除时，施工荷载应小于支撑结构承载能力；

(3)人工拆除时，应按规定设置防护设施；

(4)当采用爆破拆除、静力破碎等拆除方式时，必须符合国家现行相关规范的要求。

九、作业环境

(1)基坑内土方机械、施工人员的安全距离应符合规范要求；

(2)上下垂直作业应按规定采取有效的防护措施；

(3)在电力、通信、燃气、上下水等管线 2 m 范围内挖土时，应采取安全保护措施，并应设专人监护；

(4)施工作业区域应采光良好，当光线较弱时应设置有足够照度的光源。

十、应急预案

(1)基坑工程应按规范要求结合工程施工过程中可能出现的支护变形、漏水等影响基坑工程安全的不利因素制定应急预案；

(2)应急组织机构应健全，应急的物资、材料、工具、机具等品种、规格、数量应满足应急的需要，并应符合应急预案的要求。

基坑支护、土方作业

任务实施

任务：根据项目工程背景和安全管理控制点要求，填写基坑工程检查评分表7-1。

表7-1　基坑工程检查评分表

序号	检查项目		扣分标准	应得分数	扣减分数	实得分数
1	保证项目	施工方案	基坑工程未编制专项施工方案，扣10分 专项施工方案未按规定审核、审批，扣10分 超过一定规模条件的基坑工程专项施工方案未按规定组织专家论证，扣10分 基坑周边环境或施工条件发生变化，专项施工方案未重新进行审核、审批，扣10分	20		
2		基坑支护	人工开挖的狭窄基槽，开挖深度较大或存在边坡塌方危险未采取支护措施，扣10分 自然放坡的坡率不符合专项施工方案和规范要求，扣10分 基坑支护结构不符合设计要求，扣10分 支护结构水平位移达到设计报警值未采取有效控制措施，扣10分	10		
3		降排水	基坑开挖深度范围内有地下水未采取有效的降排水措施，扣10分 基坑边沿周围地面未设排水沟或排水沟设置不符合规范要求，扣5分 放坡开挖对坡顶、坡面、坡脚未采取降排水措施，扣5～10分 基坑底四周未设排水沟和集水井或排除积水不及时，扣5～8分	10		
4		基坑开挖	支护结构未达到设计要求的强度提前开挖下层土方，扣10分 未按设计和施工方案的要求分层、分段开挖或开挖不均衡，扣10分 基坑开挖过程中未采取防止碰撞支护结构或工程桩的有效措施，扣10分 机械在软土场地作业，未采取铺设渣土、砂石等硬化措施，扣10分	10		
5		坑边荷载	基坑边堆置土、料具等荷载超过基坑支护设计允许要求，扣10分 施工机械与基坑边沿的安全距离不符合设计要求，扣10分	10		

续表

序号	检查项目		扣分标准	应得分数	扣减分数	实得分数
6	保证项目	安全防护	开挖深度 2 m 及以上的基坑周边未按规范要求设置防护栏杆或栏杆设置不符合规范要求，扣 5 ~ 10 分 基坑内未设置供施工人员上下的专用梯道或梯道设置不符合规范要求，扣 5 ~ 10 分 降水井口未设置防护盖板或围栏，扣 10 分	10		
小计				60		
7	一般项目	基坑监测	未按要求进行基坑工程监测，扣 10 分 基坑监测项目不符合设计和规范要求，扣 5 ~ 10 分 监测的时间间隔不符合监测方案要求或监测结果变化速率较大未加密观测次数，扣 5 ~ 8 分 未按设计要求提交监测报告或监测报告内容不完整，扣 5 ~ 8 分	10		
8		支撑拆除	基坑支撑结构的拆除方式、拆除顺序不符合专项施工方案要求，扣 5 ~ 10 分 机械拆除作业时，施工荷载大于支撑结构承载能力，扣 10 分 人工拆除作业时，未按规定设置防护设施，扣 8 分 采用非常规拆除方式不符合国家现行相关规范要求，扣 10 分	10		
9		作业环境	基坑内土方机械、施工人员的安全距离不符合规范要求，扣 10 分上下垂直作业未采取防护措施，扣 5 分 在各种管线范围内挖土作业未设专人监护，扣 5 分 作业区光线不良，扣 5 分	10		
10		应急预案	未按要求编制基坑工程应急预案或应急预案内容不完整，扣 5 ~ 10 分 应急组织机构不健全或应急物资、材料、工具机具储备不符合应急预案要求，扣 2 ~ 6 分	10		
小计				40		
检查项目合计				100		

拓展训练

某办公楼工程，建筑面积为 82 000 m^2，地下 3 层，地上 20 层，钢筋混凝土框架－剪力墙结构，距邻近 6 层住宅楼 7 m。地基土层为粉质黏土和粉细砂，地下水为潜水，地下水水位为 －9.5 m，自然地面为 －0.5 m。基础为筏形基础，埋深为 14.5 m，基础底板混凝土厚为 1 500 mm，水泥采用普通硅酸盐水泥，采取整体连续分层浇筑方式施工。基坑支护工程委托有资质的专业单位施工，降排的地下水用于现场机具、设备清洗。主体结构选择有相应资质的 A 劳务公司作为劳务分包，并签订了劳务分包合同。

合同履行过程中，发生了下列事件：

事件一：基坑支护工程专业施工单位提出了基坑支护降水采用“排桩 + 锚杆 + 降水井”方案，施工总承包单位要求基坑支护降水方案进行比选后确定。

事件二：底板混凝土施工中，混凝土浇筑从高处开始，沿短边方向自一端向另一端进行。在混凝土浇筑完 12 h 内对混凝土表面进行保温保湿养护，养护持续 7 d。养护至 72 h 时，测温显示混凝土内部温度为 70 ℃，混凝土表面温度为 35 ℃。

事件三：结构施工至十层时，工期严重滞后。为保证工期，A 劳务公司将部分工程分包给了另一家有相应资质的 B 劳务公司，B 劳务公司进场工人 100 人。因场地狭小，B 劳务公司将工人安排在本工程地下室居住。工人上岗前，项目部安全员向施工作业班组进行了安全技术交底，双方签字确认。

问题：

1. 事件一中，适用于本工程的基坑支护降水方案还有哪些？
2. 降排的地下水还可用于施工现场哪些方面？
3. 指出事件二中底板大体积混凝土浇筑及养护的不妥之处，并说明正确做法。
4. 指出事件三中的不妥之处，并分别说明理由。

拓展训练答案

基础工程施工安全技术

育人案例

“10．19”基坑坍塌事故

2005 年 10 月 19 日，由中铁二十局集团西北工程公司承建的石家庄市体育北大街工程，挖孔二队在体育北大街进行挖孔作业时，发生了一起塌孔事故，导致 1 人死亡。当日下午 3 时 30 分，吴某与其搭档张某，分别处于桩孔上下，准备在 P40 – 6 桩孔支模浇筑桩孔混凝土护壁作业时，该孔砂层出现塌孔，将张某埋住。事故发生后，经过多方长达 18 个多小时全力营救，张某被挖出时，已因窒息时间过久而死亡。

1. 直接原因

(1)施工严重违章，进度过快。严重违反项目部编制的《人工挖孔桩施工组织设计》及明确提出的针对性防护措施片面追求挖掘速度和经济效益依据施工组织设计和施工技术交底要求，进入砂层施工作业每天进尺只限或允许在 50 cm 以内，而实际了解到的情况和孔内模板实物等证实，该班组 10 月 18 日下午 4 时左右浇筑一模，当日上午 10 时又浇筑一模，下午准备浇筑第三模时发生塌孔事故。

(2)由于施工区域毗邻石德铁路，紧靠体育北大街的石德铁路地道桥公路，来往车辆较多，尤其是重 30 t 以上的大吨位货车较多，且速度快，对桩孔混凝土护壁造成较大扰动，直接影响孔壁土体稳定及护壁混凝土凝结强度。

2. 间接原因

现场安全管理存在不到位，虽然具备经论证的施工组织设计、安全保护措施及技术交底，但缺少保证上述施工意图落实在施工现场的具体措施，以及落实于每位施工作业人员的具体办法，对施工作业队的安全管理存留死角，对违章作业在管理上缺乏力度，为事故发生留下隐患。

启示：这起事故是由于违章作业，安全管理松懈，安全教育不足，作业人员缺乏安全意识所造成的。这起惨痛事故启示各施工单位，加强施工一线人员的安全教育，普及安全知识是我们当前的重要工作。企业成于安全，败于事故。任何一起事故对企业都是一种不可挽回的损失，对家庭、个人更是造成无法弥补的伤痛。如果安全意识能始终牢牢扎根在每个人的心中，我们就能在一个安全、和谐的环境中幸福生活。

任务二　模板支架安全检查

任务导入

工程实例采取的模板支架安全保证措施如下：

(1)模板的材料、模板支架材料的材质符合有关专门规定。

(2)模板及其支架要能保证工程结构和构件各部分形状尺寸和相互位置的正确。有足够的承载能力、刚度和稳定性，能可靠地承载浇筑混凝土的自重和侧压力，以及在施工过程中所产生的荷载。

(3)竖向模板和支架的支撑部分，在首层施工应加设垫板，且基土坚实并设排水措施。

(4)模板及其支架在安装过程中，设置防倾覆的临时固定设施。用脚手管搭设三脚架进行预防。

(5)按线搭设，每个梁的交叉点立一根定尺立杆，以备架设钢管及木方。先搭架子，搭架子前在地面上铺通长5 mm厚脚手板于立杆下面。第一道距地20 cm，以上每1.2 m一道立杆上下要垂直。上绑水平杆，用水准仪找平，控制梁底标高，满堂红架子上绑排木(10 cm×10 cm)木方间距不大于1.2 m，作为木模龙骨。按设计标高调整支柱的标高，然后铺梁底模，拉通线找直，梁底起拱。

(6)立杆间距800 mm梁帮加固用ϕ48钢管和拉杆栓加固，梁帮内侧设支顶杆，间距800～1 000 mm一个，梁帮加固点水平间距600～800 mm。在梁帮外侧，梁板腋角处设斜顶杆，间距600～800 mm。

(7)拆模时，保证构件棱角不受损坏、不变形，有良好的养护措施，不出现裂缝。模板经三方检验合格并填写质评资料后，方可进行下道工序施工。

知识储备

模板支架安全检查评定应符合现行行业标准《建筑施工模板安全技术规范》(JGJ 162—2008)和《建筑施工扣件式钢管脚手架安全技术规范》(JGJ 130—2011)的规定。

模板支架安全检查评定保证项目包括：施工方案、支架基础、支架构造、支架稳定、施工荷载、交底与验收、杆件连接、底座与托撑、构配件材质、支架拆除。

一、施工方案

(1)模板支架搭设应编制专项施工方案，结构设计应进行设计计算，并应按规定进行审核、审批。

(2)模板支架搭设高度8 m及以上；跨度18 m及以上，施工总荷载15 kN/m及以上；集中线荷载20 kN/m及以上的专项施工方案，应按规定组织专家论证。

二、支架基础

(1)基础应坚实、平整，承载力应符合设计要求，并应能承受支架上部全部荷载；
(2)支架底部应按规范要求设置底座、垫板，垫板规格应符合规范要求；
(3)支架底部纵、横向扫地杆的设置应符合规范要求；
(4)基础应采取排水设施，并应排水畅通；
(5)当支架设在楼面结构上时，应对楼面结构强度进行验算，必要时应对楼面结构采取加固措施。

三、支架构造

(1)立杆间距应符合设计和规范要求；
(2)水平杆步距应符合设计和规范要求，水平杆应按规范要求连续设置；
(3)竖向、水平剪刀撑或专用斜杆、水平斜杆的设置应符合规范要求。

四、支架稳定

(1)当支架高宽比大于规定值时，应按规定设置连墙杆或采用增加架体宽度的加强措施；
(2)立杆伸出顶层水平杆中心线至支撑点的长度应符合规范要求；
(3)浇筑混凝土时应对架体基础沉降、架体变形进行监控，基础沉降、架体变形应在规定允许范围内。

五、施工荷载

(1)施工均布荷载、集中荷载应在设计允许范围内；
(2)当浇筑混凝土时，应对混凝土堆积高度进行控制。

六、交底与验收

(1)支架搭设、拆除前应进行交底，并应有交底记录；
(2)支架搭设完毕，应按规定组织验收，验收应有量化内容并经责任人签字确认。

七、杆件连接

(1)立杆应采用对接、套接或承插式连接方式，并应符合规范要求；
(2)水平杆的接应符合规范要求；
(3)当剪刀撑斜杆采用搭接时，搭接长度不应小于 1 m；
(4)杆件各连接点的紧固应符合规范要求。

八、底座与托撑

(1)可调底座、托撑螺杆直径应与立杆内径匹配，配合间隙应符合规范要求；
(2)螺杆旋入螺母内不少于 5 倍的螺距。

九、构配件材质

(1)钢管壁厚应符合规范要求；
(2)构配件规格、型号、材质应符合规范要求；
(3)杆件弯曲、变形、锈蚀量应在规范允许范围内。

十、支架拆除

(1)支架拆除前结构的混凝土强度应达到设计要求；

(2)支架拆除前应设置警戒区，并应设专人监护。

模板支架安全

任务实施

任务：根据项目工程背景和安全管理控制点要求，填写模板支架检查评分表7-2。

表7-2 模板支架检查评分表

序号	检查项目		扣分标准	应得分数	扣减分数	实得分数
1	保证项目	施工方案	未编制专项施工方案或结构设计未经计算，扣10分 专项施工方案未经审核、审批，扣10分 超规模模板支架专项施工方案未按规定组织专家论证，扣10分	15		
2		支架基础	基础不坚实、平整，承载力不符合专项施工方案要求，扣5～10分 支架底部未设置垫板或垫板的规格不符合规范要求，扣5～10分 支架底部未按规范要求设置底座，每处扣2分 未按规范要求设置扫地杆，扣5分未采取排水设施，扣5分 支架设在楼面结构上时，未对楼面结构的承载力进行验算或楼面结构下方未采取加固措施，扣10分	10		
3		支架构造	立杆纵、横间距大于设计和规范要求，每处扣2分 水平杆步距大于设计和规范要求，每处扣2分 水平杆未连续设置，扣5分 未按规范要求设置竖向剪刀撑或专用斜杆，扣10分 未按规范要求设置水平剪刀撑或专用水平斜杆，扣10分 剪刀撑或斜杆设置不符合规范要求，扣5分	15		
4		支架稳定	支架高宽比超过规范要求未采取与建筑结构刚性连接或增加架体宽度等措施，扣10分 立杆伸出顶层水平杆的长度超过规范要求，每处扣2分 浇筑混凝土未对支架的基础沉降、架体变形采取监测措施，扣8分	10		

续表

序号	检查项目		扣分标准	应得分数	扣减分数	实得分数
5	保证项目	施工荷载	荷载堆放不均匀，每处扣5分施工荷载超过设计规定，扣10分 浇筑混凝土未对混凝土堆积高度进行控制，扣8分	10		
6		交底与验收	支架搭设、拆除前未进行交底或无文字记录，扣5~10分 架体搭设完毕未办理验收手续，扣10分 验收内容未进行量化，或未经责任人签字确认，扣5分	10		
小计				60		
7	一般项目	杆件连接	立杆连接不符合规范要求，扣3分 水平杆连接不符合规范要求，扣3分 剪刀撑斜杆接长不符合规范要求，每处扣3分 杆件各连接点的紧固不符合规范要求，每处扣2分	10		
8		底座与托撑	螺杆直径与立杆内径不匹配，每处扣3分 螺杆旋入螺母内的长度或外伸长度不符合规范要求，每处扣3分	10		
9		构配件材质	钢管、构配件的规格、型号、材质不符合规范要求，扣5~10分 杆件弯曲、变形、锈蚀严重，扣10分	10		
10		支架拆除	支架拆除前未确认混凝土强度达到设计要求，扣10分 未按规定设置警戒区或未设置专人监护，扣5~10分	10		
小计				40		
检查项目合计				100		

拓展训练

某公司办公楼工程为3层(局部4层)框架结构，建筑面积为10 000 m^2，由市建一公司承接后，转包给私人包工头(挂靠该建筑公司、使用该公司资质)自行组织施工。该工程中厅屋盖采用钢筋混凝土结构，长36 m，宽20 m，高15 m，模板支架采用木杆，木杆直径为30~60 mm，立杆间距为0.7~0.8 m，步距为1.7~1.9 m。于2019年5月20日下午开始浇筑混凝土，由于模板支架木杆过细，又缺少水平拉结和剪刀撑，造成架体承载力不够。当连续作业到21日凌晨时，突然发生屋顶梁板整体坍塌，造成3人死亡、1人重伤的重大事故。

问题：

1. 本起事故发生的主要原因是什么？
2. 请简要分析这起事故的性质，谁应对这起事故负直接责任？
3. 请指出市建一公司主要负责人是否要对这起事故负主要领导责任，公司是否要负连带责任？依据是什么？
4. 现浇混凝土工程安全控制的主要内容有哪些？

拓展训练答案

模板工程施工安全技术

育人案例

“8.25”模板支撑体系坍塌安全事故案例

2016年8月25日，3人在兴仁“博融天街一期～b区车库、物管用房及商业”屋面板混凝土浇筑完毕进行表面清光时(16时20分左右)，模板及支撑体系坍塌。造成正在施工的3人被埋，经紧急救援后送医院抢救无效死亡。

1. 直接原因

满堂支撑架搭设不满足规范规定的基本构造要求、不符合规范要求、支撑体系承载力不足，支撑体系压曲失稳而整体坍塌。

(1)扫地杆与地面的距离过大，基本上在300 mm以上，而且纵横不连通。

(2)立杆间距过大，横向间距已达到1～1.50 m。

(3)支撑架体纵向中部未按规范要求设置竖向剪刀撑。

(4)未与成型的结构柱进行有效拉结。

(5)施工单位未按规定对超过一定规模的危险性较大的分部分项工程编制专项施工方案。未按规定组织专家进行专项施工方案论证审查。

(6)监理单位未对危险性较大的分部分项工程编制监理规划和监理实施细则，未督促施工单位编制高大模板施工方案，未按规定对该部位进行旁站监理。

(7)工程复工前未对用于搭设模板的各种扣件进行抽检，支撑体系的扣件不合格(现场抽检结论)。

2. 间接原因

(1)施工单位安全生产主体责任不落实。该施工单位本身不具备承包兴仁博融天街一期工程建设项目施工资质，通过与其他公司联合经营的方式组织施工，且复工后安排不具备该工程项目经理资质人员执行项目，恢复施工前未对使用的扣件进行抽检。

(2)劳务承包方对施工员和安全员履行工作职责督促不力。

启示：此次事故的发生，反映施工单位安全生产主体责任落实不到位，职工安全意识不强，工作职责履行不到位，施工工器具维护不到位。施工现场的每个人员都要意识到安全生产工作的重要性、紧迫性和艰巨性，杜绝人不安全行为、物的不安全状态，全力压减事故。

任务三　脚手架安全检查

任务导入

工程实例采取的脚手架安全保证措施如下：

脚手架是建筑施工中不可少的临时设施，它随工程进度而搭设工程完毕即拆除因为是临时设施往往忽视搭设质量，脚手架虽是临时设施，但在基础主体、装修及设备安装等作业都离不开脚手架，所以，脚手架搭设设计是否合理，不但直接影响到建筑工程的总体施工，也直接关系着作业人员的生产安全，为此脚手架应满足以下要求：

(1)有足够的面积满足工人操作材料堆放和运输的需要。

(2)要坚固稳定，保证施工期间在所规定的荷载作用下或在气候条件影响下不变形，不摇晃不倾斜能保证使用安全。

(3)搭设脚手架前应根据建筑物的平面形式尺寸高度及施工工艺确定搭设形式编制搭设方案。

(4)施工荷载：承重脚手架上的施工荷载不得超过1 500 N/m^2，脚手架搭设完毕投入使用前应由施工负责人组织架子班长安技人员和使用班组一起按照脚手架搭设方案进行检查验收并填写验收记录和发现问题整改后的情况。脚手架搭设前应有交底并按施工需要分段验收。

知识储备

一、扣件式钢管脚手架检查评定

扣件式钢管脚手架检查评定应符合现行行业标准《建筑施工扣件式钢管脚手架安全技术规范》(JGJ 130—2011)的规定。检查评定项目包括：施工方案、立杆基础、架体与建筑物结构拉结、杆件间距与剪刀撑、脚手板与防护栏杆、交底与验收、横向水平杆设置、杆件搭接、层间防护、构配件架材质、通道。

(一) 施工方案

(1)架体搭设应编制专项施工方案，结构设计应进行计算，并按规定进行审核、审批；

(2)当架体搭设超过规范允许高度时，应组织专家对专项施工方案进行论证。

(二)立杆基础

(1)立杆基础应按方案要求平整、夯实，并应采取排水措施，立杆底部设置的垫板、底座应符合规范要求；

(2)架体应在距立杆底端高度不大于200 mm处设置纵、横向扫地杆，并应用直角扣件固定在立杆上，横向扫地杆应设置在纵向扫地杆的下方。

(三)架体与建筑结构拉结

(1)架体与建筑结构拉结应符合规范要求；

(2)连墙件应从架体底层第一步纵向水平杆处开始设置，当该处设置有困难时应采取其他可靠措施固定；

(3)对搭设高度超过24 m的双排脚手架，应采用刚性连墙件与建筑结构可靠拉结。

(四)杆件间距与剪刀撑

(1)架体立杆、纵向水平杆、横向水平杆间距应符合设计和规范要求；

(2)纵向剪刀撑及横向斜撑的设置应符合规范要求；

(3)剪刀撑杆件的接长、剪刀撑斜杆与架体杆件的固定应符合规范要求。

(五) 脚手板与防护栏杆

(1)脚手板材质、规格应符合规范要求，铺板应严密、牢靠；

(2)架体外侧应采用密目式安全网封闭，网间连接应严密；

(3)作业层应按规范要求设置防护栏杆；

(4)作业层外侧应设置高度不小于180 mm的挡脚板。

（六）交底与验收

（1）架体搭设前应进行安全技术交底，并应有文字记录；

（2）当架体分段搭设、分段使用时，应进行分段验收；

（3）搭设完毕应办理验收手续，验收应有量化内容并经责任人签字确认。

（七）横向水平杆设置

（1）横向水平杆应设置在纵向水平杆与立杆相交的主节点处，两端应与纵向水平杆固定；

（2）作业层应按铺设脚手板的需要增加设置横向水平杆；

（3）单排脚手架横向水平杆插入墙内不应小于180 mm。

（八）杆件连接

（1）纵向水平杆杆件宜采用对接，若采用搭接，其搭接长度不应小于1 m，且固定应符合规范要求；

（2）立杆除顶层顶步外，不得采用搭接；

（3）杆件对接扣件应交错布置，并符合规范要求；

（4）扣件紧固力矩不应小于40 N·m，且不应大于65 N·m。

（九）层间防护

（1）作业层脚手板下应采用安全平网兜底，以下每隔10 m应采用安全平网封闭；

（2）作业层里排架体与建筑物之间应采用脚手板或安全平网封闭。

（十）构配件材质

（1）钢管直径、壁厚、材质应符合规范要求；

（2）钢管弯曲、变形、锈蚀应在规范允许范围内；

（3）扣件应进行复试且技术性能符合规范要求。

（十一）通道

（1）架体应设置供人员上下的专用通道；

（2）专用通道的设置应符合规范要求。

二、门式钢管脚手架

门式钢管脚手架检查评定应符合现行行业标准《建筑施工门式钢管脚手架安全技术标准》（JGJ/T 128—2019）的规定。门式钢管脚手架检查评定项目包括：施工方案、架体基础、架体稳定、杆件锁臂、脚手板、交底与验收、架体防护、构配件材质、荷载、通道。

（一）施工方案

（1）架体搭设应编制专项施工方案，结构设计应进行设计计算，并按规定进行审核、审批；

（2）当架体搭设超过规范允许高度时，应组织专家对专项施工方案进行论证。

（二）架体基础

（1）立杆基础应按方案要求平整、夯实，并应采取排水措施；

（2）架体底部应设置垫板和立杆底座，并应符合规范要求；

（3）架体扫地杆设置应符合规范要求。

（三）架体稳定

（1）架体与建筑物拉结应符合规范要求；

（2）架体剪刀撑斜杆与地面夹角应在45°～60°之间，应采用旋转扣件与立杆固定，剪刀撑设置应符合规范要求；

（3）门架立杆的垂直偏差应符合规范要求；

（4）交叉支撑的设置应符合规范要求。

（四）杆件锁臂
（1）架体杆件、锁臂应按规范要求进行组装；
（2）应符合规范要求设置纵向水平加固杆；
（3）架体使用的扣件规格应与连接杆件相匹配。
（五）脚手板
（1）脚手板材质、规格应符合规范要求；
（2）脚手板应铺设严密、平整、牢固；
（3）挂扣式钢脚手板的挂扣必须完全挂扣在水平杆上，挂钩应处于锁住状态。
（六）交底与验收
（1）架体搭设前应进行安全技术交底，并应有文字记录；
（2）当架体分段搭设、分段使用时、应进行分段验收；
（3）搭设完毕应办理验收手续，验收应有量化内容并经责任人签字确认。
（七）架体防护
（1）作业层应按规范要求设置防护栏杆；
（2）作业层外侧应设置高度不小于 180 mm 的挡脚板；
（3）架体外侧应采用密目式安全网进行封闭，网间连接应严密；
（4）架体作业层脚手板下应采用安全平网兜底，以下每隔 10 m 应采用安全平网封闭。
（八）构配件材质
（1）门架不应有严重的弯曲、锈蚀和开焊；
（2）门架及构配件的规格、型号、材质应符合规范要求。
（九）荷载
（1）架体上的施工荷载应符合设计和规范要求；
（2）施工均布荷载、集中荷载应在设计允许范围内。
（十）通道
（1）架体应设置供人员上下的专用通道。
（2）专用通道的设置应符合规范要求。

三、满堂脚手架

满堂脚手架检查评定除符合现行行业标准《建筑施工扣件式钢管脚手架安全技术规范》（JGJ 130—2011）的规定外，还应符合其他现行脚手架安全技术规范。检查评定项目包括：施工方案、架体基础、架体稳定、杆件锁件、脚手板、交底与验收、架体防护、构配件材质、荷载、通道。
（一）施工方案
（1）架体搭设应编制安全专项方案，结构设计应进行计算；
（2）专项施工方案应按规定进行审核、审批。
（二）架体基础
（1）架体基础应按方案要求平整、夯实，并应采取排水设施；
（2）架体底部应按规范要求设置垫板和底座，垫板规格应符合规范要求；
（3）架体扫地杆设置应符合规范要求。
（三）架体稳定
（1）架体四周与中部应按规范要求设置竖向剪刀撑或专用斜杆；
（2）架体应按规范要求设置水平剪刀撑或水平斜杆；
（3）当架体高宽比大于规范规定时，应按规范要求与建筑结构拉结或采取增加架体宽度、设

置钢丝绳张拉固定等稳定措施。

（四）杆件锁件

（1）架体立杆件间距、水平杆步距应符合设计和规范要求；

（2）杆件的接长应符合规范要求；

（3）架体搭设应牢固，杆件节点应按规范要求进行紧固。

（五）脚手板

（1）作业层脚手板应满铺，铺稳、铺牢；

（2）脚手板的材质、规格应符合规范要求；

（3）挂扣式钢脚手板的挂扣应完全挂扣在水平杆上，挂钩处应处于锁住状态。

（六）交底与验收

（1）架体搭设前应进行安全技术交底，并应有文字记录；

（2）架体分段搭设、分段使用时，应进行分段验收；

（3）搭设完毕应办理验收手续，验收应有量化内容并经责任人签字确认。

（七）架体防护

（1）作业层应按规范要求设置防护栏杆；

（2）作业层外侧应设置高度不小于 180 mm 的挡脚板；

（3）作业层脚手板下应采用安全平网兜底，以下每隔 10 m 应采用安全平网封闭。

（八）构配件材质

（1）架体构配件的规格、型号、材质应符合规范要求；

（2）杆件的弯曲、变形和锈蚀应在规范允许范围内。

（九）荷载

（1）架体上的施工荷载应符合设计和规范要求；

（2）施工均布荷载、集中荷载应在设计允许范围内。

（十）通道

（1）架体应设置供人员上下的专业通道。

（2）专业通道的设置应符合规范要求。

扣件式钢管脚手架安全检查

门式钢管脚手架安全检查

满堂脚手架安全检查

任务实施

任务1：根据项目工程背景和安全管理控制点要求，填写扣件式钢管脚手架检查评分表7-3。

表 7-3　扣件式钢管脚手架检查评分表

序号	检查项目		扣分标准	应得分数	扣减分数	实得分数
1	保证项目	施工方案	架体搭设未编制专项施工方案或未按规定审核、审批，扣 10 分 架体结构设计未进行设计计算，扣 10 分 架体搭设超过规范允许高度，专项施工方案未按规定组织专家论证，扣 10 分	10		

续表

序号	检查项目		扣分标准	应得分数	扣减分数	实得分数
2	保证项目	立杆基础	立杆基础不平、不实，不符合专项施工方案要求，扣5～10分 立杆底部缺少底座、垫板或垫板的规格不符合规范要求，每处扣2～5分 未按规范要求设置纵、横向扫地杆，扣5～10分 扫地杆的设置和固定不符合规范要求，扣5分 未采取排水措施，扣8分	10		
3		架体与建筑结构拉结	架体与建筑结构拉结方式或间距不符合规范要求，每处扣2分 架体底层第一步纵向水平杆处未按规定设置连墙件或未采用其他可靠措施固定，每处扣2分 搭设高度超过24 m的双排脚手架，未采用刚性连墙件与建筑结构可靠连接，扣10分	10		
4		杆件间距与剪刀撑	立杆、纵向水平杆、横向水平杆间距超过设计或规范要求，每处扣2分 未按规定设置纵向剪刀撑或横向斜撑，每处扣5分 剪刀撑未沿脚手架高度连续设置或角度不符合规范要求，扣5分 剪刀撑斜杆的接长或剪刀撑斜杆与架体杆件固定不符合规范要求，每处扣2分	10		
5		脚手板与防护栏杆	脚手板未满铺或铺设不牢、不稳，扣5～10分 脚手板规格或材质不符合规范要求，扣5～10分 架体外侧未设置密目式安全网封闭或网间连接不严，扣5～10分 作业层防护栏杆不符合规范要求，扣5分 作业层未设置高度不小于180 mm的挡脚板，扣5分	10		
6		交底与验收	架体搭设前未进行交底或交底未有文字记录，扣5～10分 架体分段搭设、分段使用未进行分段验收，扣5分 架体搭设完毕未办理验收手续，扣10分 验收内容未进行量化，或未经责任人签字确认，扣5分	10		
小计				60		
7	一般项目	横向水平杆设置	未在立杆与纵向水平杆交点处设置横向水平杆，每处扣2分 未按脚手板铺设的需要增加设置横向水平杆，每处扣2分 双排脚手架横向水平杆只固定一端，每处扣2分 单排脚手架横向水平杆插入墙内小于180 mm，每处扣2分	10		
8		杆件搭接	纵向水平杆搭接长度小于1 m或固定不符合要求，每处扣2分 立杆除顶层顶步外采用搭接，每处扣4分 杆件对接扣件的布置不符合规范要求，扣2分 扣件紧固力矩小于40 N·m或大于65 N·m，每处扣2分	10		

续表

序号	检查项目		扣分标准	应得分数	扣减分数	实得分数
9	一般项目	层间防护	作业层脚手板下未采用安全平网兜底或作业层以下每隔 10 m 未采用安全平网封闭，扣 5 分 作业层与建筑物之间未按规定进行封闭，扣 5 分	10		
10		构配件材质	钢管直径、壁厚、材质不符合要求，扣 5 分 钢管弯曲、变形、锈蚀严重，扣 5 分 扣件未进行复试或技术性能不符合标准，扣 5 分	5		
11		通道	未设置人员上下专用通道，扣 5 分 通道设置不符合要求，扣 1 ~ 3 分	5		
小计				40		
检查项目合计				100		

任务 2：根据项目工程背景和安全管理控制点要求，填写门式钢管脚手架检查评分表 7-4。

表 7-4 门式钢管脚手架检查评分表

序号	检查项目		扣分标准	应得分数	扣减分数	实得分数
1	保证项目	施工方案	未编制专项施工方案或未进行设计计算，扣 10 分 专项施工方案未按规定审核、审批，扣 10 分 架体搭设超过规范允许高度，专项施工方案未组织专家论证，扣 10 分	10		
2		架体基础	架体基础不平、不实、不符合专项施工方案要求，扣 5 ~ 10 分 架体底部未设置垫板或垫板的规格不符合要求，扣 2 ~ 5 分 架体底部未按规范要求设置底座，每处扣 2 分 架体底部未按规范要求设置扫地杆，扣 5 分 未采取排水措施，扣 8 分	10		
3		架体稳定	架体与建筑物结构拉结方式或间距不符合规范要求，每处扣 2 分 未按规范要求设置剪刀撑，扣 10 分 门架立杆垂直偏差超过规范要求，扣 5 分 交叉支撑的设置不符合规范要求，每处扣 2 分	10		
4		杆件锁臂	未按规定组装或漏装杆件、锁臂，扣 2 ~ 6 分 未按规范要求设置纵向水平加固杆，扣 10 分 扣件与连接的杆件参数不匹配，每处扣 2 分	10		
5		脚手板	脚手板未满铺或铺设不牢、不稳，扣 5 ~ 10 分 脚手板规格或材质不符合要求，扣 5 ~ 10 分 采用挂扣式钢脚手板时挂钩未挂扣在横向水平杆上或挂钩未处于锁住状态，每处扣 2 分	10		

续表

序号	检查项目		扣分标准	应得分数	扣减分数	实得分数
6	保证项目	交底与验收	架体搭设前未进行交底或交底未留有文字记录，扣5～10分 架体分段搭设、分段使用未办理分段验收，扣6分 架体搭设完毕未办理验收手续，扣10分 验收内容未进行量化，或未经责任人签字确认，扣5分	10		
小计				60		
7	一般项目	架体防护	作业层防护栏杆不符合规范要求，扣5分 作业层未设置高度不小于180 mm的挡脚板，扣3分 架体外侧未设置密目式安全网封闭或网间连接不严，扣5～10分 作业层脚手板未采用安全平网兜底或作业层以下每隔10 m未采用安全平网封闭，扣5分	10		
8		构配件材质	杆件变形、锈蚀严重，扣10分 门架局部开焊，扣10分 构配件的规格、型号、材质或产品质量不符合规范要求，扣5～10分	10		
9		荷载	施工荷载超过设计规定，扣10分 荷载堆放不均匀，每处扣5分	10		
10		通道	未设置人员上下专用通道，扣10分 通道设置不符合要求，扣5分	10		
小计					40	
检查项目合计					100	

任务3：根据项目工程背景和安全管理控制点要求，填写满堂脚手架检查评分表7-5。

表7-5　满堂脚手架检查评分表

序号	检查项目		扣分标准	应得分数	扣减分数	实得分数
1	保证项目	施工方案	未编制专项施工方案或未进行设计计算，扣10分 专项施工方案未按规定审核、审批，扣10分	10		
2		架体基础	架体基础不平、不实、不符合专项施工方案要求，扣5～10分 架体底部未设置垫板或垫板的规格不符合规范要求，扣2～5分 架体底部未按规范要求设置底座，每处扣2分 架体底部未按规范要求设置扫地杆，扣5分 未采取排水措施，扣5分	10		
3		架体稳定	架体四周与中间未按规范要求设置竖向剪刀撑或专用斜杆，扣10分 未按规范要求设置水平剪刀撑或专用水平斜杆，扣10分 架体高宽比超过规范要求时未采取与结构拉结或其他可靠的稳定措施，扣10分	10		
4		杆件锁件	架体立杆间距、水平杆步距超过设计和规范要求，每处扣2分 杆件接长不符合要求，每处扣2分 架体搭设不牢或杆件节点紧固不符合要求，每处扣2分	10		

续表

序号	检查项目		扣分标准	应得分数	扣减分数	实得分数
5	保证项目	脚手板	脚手板不满铺或铺设不牢、不稳，扣5分 脚手板规格或材质不符合要求，扣5～10分 采用挂扣式钢脚手板时挂钩未挂扣在水平杆上或挂钩未处于锁住状态，每处扣2分	10		
6		交底与验收	架体搭设前未进行交底或交底未留有文字记录，扣5～10分 架体分段搭设、分段使用未进行分段验收，扣5分 架体搭设完毕未办理验收手续，扣10分 验收内容未进行量化，或未经责任人签字确认，扣5分	10		
小计				60		
7	一般项目	架体防护	作业层防护栏杆不符合规范要求，扣5分 作业层外侧未设置高度不小于180 mm挡脚板，扣3分 作业层脚手板未采用安全平网兜底或作业层以下每隔10 m未采用安全平网封闭，扣5分	10		
8		构配件材质	钢管、构配件的规格、型号、材质或产品质量不符合规范要求，扣5～10分 杆件弯曲、变形、锈蚀严重，扣10分	10		
9		荷载	架体的施工荷载超过设计和规范要求，扣10分 荷载堆放不均匀，每处扣5分	10		
10		通道	未设置人员上下专用通道，扣10分 通道设置不符合要求，扣5分	10		
小计				40		
检查项目合计				100		

拓展训练

某工厂二期工程，由省建工总承包公司承建。工程的结构形式为54 m×45 m，矩形框架厂房，屋顶为球形节点网架结构，因省建工总承包公司不具备此网架施工能力，故建设单位将屋顶网架工程分包给某市网架厂，由省建工总承包公司配合搭设满堂脚手架，以提供高空组装网架的操作平台，脚手架高度为26 m。为抢工程进度，网架厂在脚手架还未进行交接验收的情况下，便于2019年4月25日晚，将运至现场的网架部件（质量约40 t）全部成捆吊上脚手架，致使脚手架严重超载。4月26日上班后，施工作业人员在用撬棍解捆时，堆放网架部件所在的脚手架发生倒塌，脚手架上的网架部件及施工人员同时坠落，造成7人死亡、1人重伤的重大事故。

问题：

1. 请指出这起事故发生的直接原因。
2. 请简述对脚手架搭设人员的具体要求。
3. 简述脚手架要进行检查的情况。
4. 脚手架定期检查的主要内容有哪些？

拓展训练答案

悬挑式脚手架安全检查

附着式升降脚手架安全检查

碗扣式钢管脚手架安全检查

承插型盘扣式钢管脚手架安全检查

高处作业吊篮安全检查

育人案例

“4.15”脚手架安全事故案例

2009 年 4 月 15 日 18 时 5 分许，在西六环第十二标段跨军庄铁路桥排架搭设工地，A 脚手架工程有限公司张某完成当天工作任务后，从 L37 号桥墩排架北侧 13 m 处下排架，下至 6 m 处时不慎坠落受伤，经抢救无效死亡。

1. 直接原因

(1)死者张某无建筑脚手架拆装工特种作业证，违章上架高空作业。

(2)A 脚手架工程有限公司现场负责人常某、安全员王某在指挥现场搭设承重架时，未按要求及时设置作业人员上下行人马道，致使高空作业人员在上下脚手架过程中攀爬脚手架，导致死者坠落死亡。

2. 间接原因

(1)死者张某于2009 年 4 月 15 日 14 时进入事发施工现场作业，A 脚手架工程有限公司未对张某进行转场安全教育培训，未审查其是否具有特种作业证件即安排其上架进行高空作业。

(2)A 脚手架工程有限公司内部安全管理组织机构混乱、职责不清、分工不明确，安全管理职责落实不到位。

(3)西六环 12 标总包单位未对死者张某有无架子工特种作业证件和是否接受了现场安全教育培训进行严格审查，现场安全员对 A 公司未按施工方案施工，未搭设马道的行为未及时进行制止，导致死者违章作业，造成事故发生。

(4)西六环 12 标监理单位 B 监理咨询有限公司，未对死者张某有无架子工特种作业证件和是否接受了现场安全教育培训进行严格审查，对现场存在的安全隐患未及时要求施工单位整改，导致死者违章作业，造成事故发生。

(5)C 建筑劳务有限公司作为劳务输出单位，对死者张某安全教育、培训不到位，致使其在无证情况下违章上架作业。

启示：此次事故的发生，反映出一些企业主体责任落实不到位，现场安全管理薄弱，安全措施不力，职工安全意识不强，对作业人员缺乏有效的安全教育，特种作业人员不持证上岗现象时有发生。为深刻汲取事故教训，要举一反三，切实加强安全生产监管工作，进一步深入开展隐患排查、治理工作，做到排查不留死角，整改不留后患，把事故隐患消灭在萌芽状态。

任务四　升降机械及施工机具安全检查

任务导入

工程实例采取的设备机具管理安全保证措施如下。

1. 钢筋切断机

使用前应查看刀片安装是否正确。固定刀与活动刀之间的水平间隙以0.5～1 mm为宜。必须确认空载试运转正常后方能投入使用。断料时，必须将钢筋握紧，应在活动刀向后退进时，把钢筋送入刀口，以防止钢筋末端摆动或弹出伤人。切短钢筋时，必须用钳子夹紧送料。铁屑、铁末等脏物不得用手抹除。严禁切断规定范围外的钢材、烧红的钢筋及超过刀刃硬度的材料。

2. 钢筋弯曲机

使用前，应对钢筋弯曲机进行全面检查，并进行空载试运转。机身应有接地，电源不允许直接接在按钮上，应加装开关箱。不准在运转中更换中心轴、成型轴或挡铁轴。严禁在运转过程中加机油或擦拭机床。钢筋的放置要和挡铁轴、工作盘旋转方向配合，严禁放反。不直的钢筋，禁止在弯曲机上弯曲，以防发生事故。弯曲钢筋时，严禁超过本机规定的钢筋直径、钢筋根数及机械转速。严禁在弯曲钢筋的作业半径内和机身不设固定销的一侧站人。弯曲好的半成品应堆放整齐，弯钩不得朝上。

3. 圆锯机

锯片上方必须装置安全罩、挡板和滴水装置。在锯片后面，离齿10～15 mm处，必须安装弧形楔刀。锯片的安装应保持与轴同心。锯片必须平整，锯齿应尖锐，不得连续缺齿两个，裂纹长度不得超过20 mm，裂缝末端应冲上裂口。圆锯启动后，应待转速正常后方可进行锯料。送料时不得将木材左右晃动或高抬，遇木节要缓缓送料。锯料长度应不小于500 mm。接近端头时，应用推杆送料。锯线走偏，应逐渐纠正，不准猛扳，以免损坏锯片。锯片运转时间过长，温度过高时，应用水冷却，直径600 mm以上的锯片在操作中，应喷水冷却。

4. 平面刨(手压刨)

必须安装防止刨削手指的护手装置，才可使用。刨料时，手应按在料的上面，手指必须离开刨口50 mm以上。严禁用手在木料末端送料跨越刨口进行刨削。被刨木料的厚度小于30 mm、长度小于400 mm时，必须用压板或压棍，不得用手推进。被刨木料如有破裂或硬节等缺陷时，必须处理后再刨。刨旧料前，必须将料上的钉子、杂物清除干净。遇木槎、节疤要缓慢送料。严禁将手按在节疤上送料。刀片和刀片螺钉的厚度、重量必须一致，刀架夹板必须平整贴紧，合金刀片焊缝的高度不得超出刀头，刀片紧固螺钉应嵌入刀片槽内，槽端离刀背不得小于10 mm。紧固刀片螺钉时，用力应均匀一致，不得过松或过紧。机械运转时，不得进行维修，更不得移动或拆除护手装置进行刨削。严禁戴手套操作。

5. 塔式起重机使用的一般要求

司机应受过专业训练，熟悉机械构造和工作性能，并严格招待安全操作规程及保养规程。起重机应指定专人进行操作，非司机人员不得操纵。司机酒后和患病时，也不得进行操作。起重机的工作环境温度为－20～40 ℃。风速应低于6级。新制或大修出厂及塔式起重机拆卸重新组装后，均应进行试验。自行式起重机必须有可靠的接地，所有电气设备外壳均应与机体妥善连接。起重机安装好后，应重新调整各种安全保护装置和限位开关。如夜间作业，照明必须良

好。起重机的行驶道路不得有障碍物和局部下沉现象。6 级以上大风和雷雨天，停止作业。抓好对塔式起重机等大型垂直运输机械的管理，塔式起重机的安装、顶升、拆除应有方案。作业时应设警戒区。坚持“十不吊”，塔式起重机不准带病作业。“三保险”“四限位”必须齐全、有效。起吊重物时不得拖吊和超载超吊，离地 3 m 暂停起升，检查安全稳妥后运转就位。

6. 卷扬机

安装位置要求视野良好。施工过程中的建筑物、脚手架及现场堆放材料、构件等，都不能影响司机对操作范围内全过程的监视。卷扬机司机应经专业培训持证上岗。作业时要精神集中，发现视线内有障碍物时，要及时清除，信号不清时，不得操作。作业前，应先空转确认电气、制动及环境情况良好才能操作，操作人员应详细了解当班作业的主要内容和工业量。当被吊物没有完全落在地面时，司机不得离岗。信息或暂停作业时，必须将物体或吊笼降至地面。下班后，应切断电源，关好电闸箱。使用单转卷扬机，必须用刹车控制下降速度，不能过快和猛急刹车，要缓缓落下。留在卷筒上的钢丝绳最少应保留 3 ~ 5 圈。司机应随时注意操作条件及钢丝绳的磨损情况。当荷载变化时，第一次提升时，应先离地 0.5 m 稍停，检查无问题时再继续上升。禁止使用搬把型开关，防止发生碰撞误操作。钢丝绳要定期涂抹黄油并要放在专用的槽道里，以防碾压倾轧，破坏钢丝绳的强度。

知识储备

一、施工升降机

施工升降机检查评定应符合现行国家标准《施工升降机安全规程》(GB 10055—2007)和《建筑施工升降机安装、使用、拆卸安全技术规程》(JGJ 215—2010)的规定。检查评定项目包括：安全装置、限位装置、防护设施、附墙架、钢丝绳、滑轮与对重、安拆、验收与使用、导轨架、基础、电气安全、通信装置。

(一)安全装置

(1)应安装起重量限制器，并应灵敏可靠；

(2)应安装渐进式防坠安全器并应灵敏可靠，应在有效的标定期内使用；

(3)对重钢丝绳应安装防松绳装置，并应灵敏可靠；

(4)吊笼的控制装置应安装非自动复位型的急停开关，任何时候均可切断控制电路停止吊笼运行；

(5)底架应安装吊笼和对重缓冲器，缓冲器应符合规范要求；

(6)SC 型施工升降机应安装一对以上安全钩。

(二)限位装置

(1)应安装非自动复位型极限开关，并应灵敏可靠；

(2)应安装自动复位型上、下限位开关并应灵敏可靠，上、下限位开关安装位置应符合规范要求；

(3)上极限开关与上限位开关之间的安全越程不应小于 0.15 m；

(4)极限开关、限位开关应设置独立的触发元件；

(5)吊笼门应安装机电联锁装置，并应灵敏可靠；

(6)吊笼顶窗应安装电气安全开关，并应灵敏可靠。

(三)防护设施

(1)吊笼和对重升降通道周围应安装地面防护围栏，防护围栏的安装高度、强度应符合规范要求，围栏门应安装机电联锁装置并应灵敏可靠；

(2)地面出入通道防护棚的搭设应符合规范要求；
(3)停层平台两侧应设置防护栏杆、挡脚板，平台脚手板应铺满、铺平；
(4)层门安装高度、强度应符合规范要求，并应定型化。
(四)附墙架
(1)附墙架应采用配套标准产品，当附墙架不能满足施工现场要求时，应对附墙架另行设计，附墙架的设计应满足构件刚度、强度、稳定性等要求，制作应满足设计要求；
(2)附墙架与建筑结构连接方式、角度应符合产品说明书要求；
(3)附墙架间距、最高附着点以上导轨架的自由高度应符合产品说明书要求。
(五)钢丝绳、滑轮与对重
(1)对重钢丝绳绳数不得少于2根且应相互独立；
(2)钢丝绳磨损、变形、锈蚀应在规范允许范围内；
(3)钢丝绳的规格、固定应符合产品说明书及规范要求；
(4)滑轮应安装钢丝绳防脱装置并应符合规范要求；
(5)对重重量、固定应符合产品说明书要求；
(6)对重除导向轮、滑靴外应设有防脱轨保护装置。
(六)安拆、验收与使用
(1)安装、拆卸单位应具有起重设备安装工程专业承包资质和安全生产许可证；
(2)安装、拆卸应制定专项施工方案，并经过审核、审批；
(3)安装完毕应履行验收程序，验收表格应由责任人签字确认；
(4)安装、拆卸作业人员及司机应持证上岗；
(5)施工升降机作业前应按规定进行例行检查，并应填写检查记录；
(6)实行多班作业，应按规定填写交接班记录。
(七)导轨架
(1)导轨架垂直度应符合规范要求；
(2)标准节的质量应符合产品说明书及规范要求；
(3)对重导轨应符合规范要求；
(4)标准节连接螺栓使用应符合产品说明书及规范要求。
(八)基础导轨架
(1)基础制作、验收应符合说明书及规范要求；
(2)基础设置在地下室顶板或楼面结构上，应对其支承结构进行承载力验算；
(3)基础应设有排水设施。
(九)电气安全
(1)施工升降机与架空线路的安全距离和防护措施应符合规范要求；
(2)电缆导向架设置应符合说明书及规范要求；
(3)施工升降机在其他避雷装置保护范围外应设置避雷装置，并应符合规范要求。
(十)通信装置
通信装置应安装楼层信号联络装置，并应清晰、有效。

二、塔式起重机

塔式起重机检查评定应符合现行国家标准《塔式起重机安全规程》(GB 5144—2006)和《建筑施工塔式起重机安装、使用、拆卸安全技术规程》(JGJ 196—2010)的规定。检查评定项目包括：载荷限制装置、行程限位装置、保护装置、吊钩、滑轮、卷筒与钢丝绳、多塔作业、安拆、验

收与使用、附着、基础与轨道、结构设施、电气安全。

（一）载荷限制装置

（1）应安装起重量限制器并应灵敏可靠。当起重量大于相应挡位的额定值并小于该额定值的110%时，应切断上升方向上的电源，但机构可作下降方向的运动。

（2）应安装起重力矩限制器并应灵敏可靠。当起重力矩大于相应工况下的额定值并小于该额定值的110%应切断上升和幅度增大方向的电源，但机构可作下降和减小幅度方向的运动。

（二）行程限位装置

（1）应安装起升高度限位器，起升高度限位器的安全越程应符合规范要求，并应灵敏可靠；

（2）小车变幅的塔式起重机应安装小车行程开关，动臂变幅的塔式起重机应安装臂架幅度限制开关，并应灵敏可靠；

（3）回转部分不设集电器的塔式起重机应安装回转限位器，并应灵敏可靠；

（4）行走式塔式起重机应安装行走限位器，并应灵敏可靠。

（三）保护装置

（1）小车变幅的塔式起重机应安装断绳保护及断轴保护装置，并应符合规范要求；

（2）行走及小车变幅的轨道行程末端应安装缓冲器及止挡装置，并应符合规范要求；

（3）起重臂根部绞点高度大于50 m的塔式起重机应安装风速仪，并应灵敏可靠；

（4）当塔式起重机顶部高度大于30 m且高于周围建筑物时，应安装障碍指示灯。

（四）吊钩、滑轮、卷筒与钢丝绳

（1）吊钩应安装钢丝绳防脱钩装置并应完整可靠，吊钩的磨损、变形应在规定允许范围内；

（2）滑轮、卷筒应安装钢丝绳防脱装置并应完整可靠，滑轮、卷筒的磨损应在规定允许范围内；

（3）钢丝绳的磨损、变形、锈蚀应在规定允许范围内，钢丝绳的规格、固定、缠绕应符合说明书及规范要求。

（五）多塔作业

（1）多塔作业应制定专项施工方案并经过审批；

（2）任意两台塔式起重机之间的最小架设距离应符合规范要求。

（六）安拆、验收与使用

（1）安装、拆卸单位应具有起重设备安装工程专业承包资质和安全生产许可证；

（2）安装、拆卸应制定专项施工方案，并经过审核、审批；

（3）安装完毕应履行验收程序，验收表格应由责任人签字确认；

（4）安装、拆卸作业人员及司机、指挥应持证上岗；

（5）塔式起重机作业前应按规定进行例行检查，并应填写检查记录；

（6）实行多班作业、应按规定填写交接班记录。

（七）附着

（1）当塔式起重机高度超过产品说明书规定时，应安装附着装置，附着装置安装应符合产品说明书及规范要求；

（2）当附着装置的水平距离不能满足产品说明书要求时，应进行设计计算和审批；

（3）安装内爬式塔式起重机的建筑承载结构应进行受力计算；

（4）附着前和附着后塔身垂直度应符合规范要求。

（八）基础与轨道

（1）塔式起重机基础应按产品说明书及有关规定进行设计、检测和验收；

（2）基础应设置排水措施；

（3）路基箱或枕木铺设应符合产品说明书及规范要求；

(4)轨道铺设应符合产品说明书及规范要求。

(九)结构设施

(1)主要结构件的变形、锈蚀应在规范允许范围内；

(2)平台、走道、梯子、护栏的设置应符合规范要求；

(3)高强度螺栓、销轴、紧固件的紧固、连接应符合规范要求，高强度螺栓应使用力矩扳手或专用工具紧固。

(十)电气安全

(1)塔式起重机应采用TN-S接零保护系统供电；

(2)塔式起重机与架空线路的安全距离和防护措施应符合规范要求；

(3)塔式起重机应安装避雷接地装置，并应符合规范要求；

(4)电缆的使用及固定应符合规范要求。

施工升降机安全检查

塔式起重机安全检查

任务实施

任务1： 根据项目工程背景和安全管理控制点要求，填写施工升降机检查评分表7-6。

表7-6 施工升降机检查评分表

序号	检查项目		扣分标准	应得分数	扣减分数	实得分数
1	保证项目	安全装置	未安装起重量限制器或起重量限制器不灵敏，扣10分 未安装渐进式防坠安全器或防坠安全器不灵敏，扣10分 防坠安全器超过有效标定期限，扣10分 对重钢丝绳未安装防松绳装置或防松绳装置不灵敏，扣5分 未安装急停开关或急停开关不符合规范要求，扣5分 未安装吊笼和对重缓冲器或缓冲器不符合规范要求，扣5分 SC型施工升降机未安装安全钩，扣10分	10		
2		限位装置	未安装极限开关或极限开关不灵敏，扣10分 未安装上限位开关或上限位开关不灵敏，扣10分 未安装下限位开关或下限位开关不灵敏，扣5分 极限开关与上限位开关安全越程不符合规范要求的，扣5分 极限限位器与上、下限位开关共用一个触发元件，扣5分 未安装吊笼门机电连锁装置或不灵敏，扣10分 未安装吊笼顶窗电气安全开关或不灵敏，扣5分	10		
3		防护设施	未设置地面防护围栏或设置不符合规范要求，扣5～10分 未安装地面防护围栏门连锁保护装置或连锁保护装置不灵敏，扣5～8分 未设置出入口防护棚或设置不符合规范要求，扣5～10分 停层平台搭设不符合规范要求，扣5～8分 未安装平台门或平台门不起作用，扣5～10分 层门不符合规范要求、未达到定型化，每处扣2分	10		

续表

序号	检查项目		扣分标准	应得分数	扣减分数	实得分数
4	保证项目	附墙架	附墙架采用非配套标准产品未进行设计计算，扣 10 分 附墙架与建筑结构连接方式、角度不符合说明书要求，扣 5 ~ 10 分 附墙架间距、最高附着点以上导轨架的自由高度超过产品说明书要求，扣 10 分	10		
5		钢丝绳、滑轮与对重	对重钢丝绳绳数少于 2 根或未相对独立，扣 5 分 钢丝绳磨损、变形、锈蚀达到报废标准，扣 10 分 钢丝绳的规格、固定不符合产品说明书及规范要求，扣 10 分 滑轮未安装钢丝绳防脱装置或不符合规范要求，扣 4 分 对重重量、固定不符合说明书及规范要求，扣 10 分 对重未安装防脱轨保护装置，扣 5 分	10		
6		安拆、验收与使用	安装、拆卸单位未取得专业承包资质和安全生产许可证，扣 10 分 未制定安装、拆卸专项方案或专项方案未经审核、审批，扣 10 分 未履行验收程序或验收表无责任人签字，扣 5 ~ 10 分 安装、拆除人员及司机未持证上岗，扣 10 分 施工升降机作业前未按规定进行例行检查，未填写检查记录，扣 4 分 实行多班作业未按规定填写交接班记录，扣 3 分	10		
小计				60		
7	一般项目	导轨架	导轨架垂直度不符合规范要求，扣 10 分 标准节质量不符合产品说明书及规范要求，扣 10 分 对重导轨不符合规范要求，扣 5 分 标准节连接螺栓使用不符合产品说明书及规范要求，扣 5 ~ 8 分	10		
8		基础	基础制作、验收不符合说明书及规范要求，扣 5 ~ 10 分 基础设置在地下室顶板或楼面结构上，未对其支承结构进行承载力验算，扣 10 分 基础未设置排水设施，扣 4 分	10		
9		电气安全	施工升降机与架空线路距离不符合规范要求，未采取防护措施，扣 10 分 防护措施不符合规范要求，扣 4 ~ 6 分 未设置电缆导向架或设置不符合规范要求，扣 5 分 施工升降机在防雷保护范围以外未设置避雷装置，扣 10 分 避雷装置不符合规范要求，扣 5 分	10		
10		通信装置	未安装楼层信号联络装置，扣 10 分 楼层联络信号不清晰，扣 5 分	10		
小计				40		
检查项目合计				100		

任务2：根据项目工程背景和安全管理控制点要求，填写塔式起重机检查评分表7-7。

表7-7 塔式起重机检查评分表

序号	检查项目		扣分标准	应得分数	扣减分数	实得分数
1	保证项目	载荷限制装置	未安装起重量限制器或不灵敏，扣10分 未安装力矩限制器或不灵敏，扣10分	10		
2		行程限位装置	未安装起升高度限位器或不灵敏，扣10分 起升高度限位器的安全越程不符合规范要求，扣6分 未安装幅度限位器或不灵敏，扣6分 回转不设集电器的塔式起重机未安装回转限位器或不灵敏，扣6分 行走式塔式起重机未安装行走限位器或不灵敏，扣10分	10		
3		保护装置	小车变幅的塔式起重机未安装断绳保护及断轴保护装置，扣8分 行走及小车变幅的轨道行程末端未安装缓冲器及止挡装置或不符合规范要求，扣4~8分 起重臂根部绞点高度大于50 m的塔式起重机未安装风速仪或不灵敏，扣4分 塔式起重机顶部高度大于30 m且高于周围建筑物未安装障碍指示灯，扣4分	10		
4		吊钩、滑轮、卷筒与钢丝绳	吊钩未安装钢丝绳防脱钩装置或不符合规范要求，扣10分 吊钩磨损、变形达到报废标准，扣10分 滑轮、卷筒未安装钢丝绳防脱装置或不符合规范要求，扣4分 滑轮及卷筒磨损达到报废标准，扣10分 钢丝绳磨损、变形、锈蚀达到报废标准，扣10分 钢丝绳的规格、固定、缠绕不符合说明书及规范要求，扣5~10分	10		
5		多塔作业	多塔作业未制定专项施工方案或施工方案未经审批，扣10分 任意两台塔式起重机之间的最小架设距离不符合规范要求，扣10分	10		
6		安装、验收与使用	安装、拆卸单位未取得专业承包资质和安全生产许可证，扣10分 未制定安装、拆卸专项方案，扣10分 方案未经审核、审批，扣10分 未履行验收程序或验收表未经责任人签字，扣5~10分 安装、拆除人员及司机、指挥未持证上岗，扣10分 塔式起重机作业前未按规定进行例行检查，未填写检查记录，扣4分 实行多班作业未按规定填写交接班记录，扣3分	10		
小计				60		

续表

序号	检查项目		扣分标准	应得分数	扣减分数	实得分数
7	一般项目	附着	塔式起重机高度超过规定不安装附着装置，扣 10 分 附着装置水平距离不满足产品说明书要求，未进行设计计算和审批，扣 8 分 安装内爬式塔式起重机的建筑承载结构未进行承载力验算，扣 8 分 附着装置安装不符合产品说明书及规范要求，扣 5 ~ 10 分 附着前和附着后塔身垂直度不符合规范要求，扣 10 分	10		
8		基础与轨道	塔式起重机基础未按产品说明书及有关规定设计、检测、验收，扣 5 ~ 10 分 基础未设置排水措施，扣 4 分 路基箱或枕木铺设不符合产品说明书及规范要求，扣 6 分 轨道铺设不符合产品说明书及规范要求，扣 6 分	10		
9		结构设施	主要结构件的变形、锈蚀不符合规范要求，扣 10 分 平台、走道、梯子、护栏的设置不符合规范要求，扣 4 ~ 8 分 高强度螺栓、销轴、紧固件的紧固、连接不符合规范要求，扣 5 ~ 10 分	10		
10		电气安全	未采用 TN-S 接零保护系统供电，扣 10 分 塔式起重机与架空线路安全距离不符合规范要求，未采取防护措施，扣 10 分 防护措施不符合规范要求，扣 5 分 未安装避雷接地装置，扣 10 分 避雷接地装置不符合规范要求，扣 5 分 电缆使用及固定不符合规范要求，扣 5 分	10		
小计				40		
检查项目合计				100		

拓展训练

某市经济技术开发区某住宅小区 B 区 R 栋工程由市建筑工程公司总承包，其模板工程分包给某建筑劳务公司。工程施工的物料提升机(龙门架)由市建筑工程公司提供，该提升机未经国家规定的有检测资质的机构进行检测。2019 年 4 月 30 日，在模板工程分包单位使用提升机运送材料时，因提升机缺少安全停靠等安全装置，导致吊篮坠落，乘坐吊篮的 3 名作业人员中 2 人当场死亡，1 人重伤。

问题：

1. 请简要分析这起事故发生的主要原因。
2. 请简要分析这起事故的性质。
3. 物料提升机的安全装置主要有哪些？

拓展训练答案

物料提升机安全检查

起重吊装安全检查

施工机具安全检查

“7.30”塔式起重机倾覆事故

2017年7月30日上午6点左右，塔式起重机司机陆某某和其他施工人员陆续进场开始施工，沈某某等两名施工人员在地面负责用手推车搬运砖块，陆某某负责驾驶塔式起重机吊运装有砖块的手推车(起吊质量约为600 kg)。10点20分左右，在吊物提升至14 m高度，上部结构进行回转作业，起重臂位于塔身西侧时，塔式起重机起重臂突然向上翘起。此时，陆某某意识到塔式起重机将会倾覆，准备离开驾驶室，并随即大声呼喊，要求地面作业的沈某某等施工人员进行避让，塔式起重机起重臂连同平衡臂、塔帽、驾驶室失去平衡，驾驶室和操作人员坠落至地面。随即，起重臂、平衡臂、塔帽翻转也先后坠落地面，起重臂坠落于塔式起重机塔身东侧偏南位置，坠落时并砸坏厂区架空管道，塔式起重机平衡臂坠落于塔身西南侧，塔帽坠落于塔身南侧，驾驶室坠落于塔身东北侧。

1. 直接原因

(1)塔式起重机塔帽与回转过渡节的连接螺栓安装不到位。塔式起重机安装时起重臂侧少安装2个螺栓，使用过程中，安装的4个连接螺栓中有3个螺母松动脱落而不受力，左侧单根螺栓承受荷载超过其承载能力，从根部断裂，起重臂侧连接螺栓完全失去作用，导致塔式起重机上部结构(包括起重臂、平衡臂、塔帽、驾驶室等)失稳上翘而坠落。

(2)驾驶室结构及支撑结构锈蚀严重，不能保证驾驶室与塔帽可靠连接。驾驶室的四周与地板连接部分、塔帽支撑驾驶室的角钢严重锈蚀，致使塔式起重机上部结构失稳发生倾斜时，驾驶室先行坠落，致使操作人员失去防护而坠落至地面。

2. 间接原因

(1)违规进行塔式起重机安装。塔式起重机出租人无起重机械安装资质进行塔式起重机安装，未编制施工组织设计和塔式起重机安装专项方案，未进行安全技术交底，安装前未严格检查塔式起重机的安全技术性能，未向建设主管部门进行告知，致使塔式起重机安装过程中存在的重大事故隐患未能被及时发现并得以整改。

(2)塔式起重机使用安全管理缺失。邦圣建设公司未认真审核塔式起重机安装单位的资质文件、施工组织设计和塔式起重机安装专项方案，未能及时制止和纠正违规安装塔式起重机行为。塔式起重机安装完毕后，未按规定组织出租、安装、监理、建设等有关单位进行验收，未委托具有相应资质的检验检测机构进行检验。未向建设主管部门申请办理《建筑施工起重机械设备使用登记证》将塔式起重机投入使用。日常使用过程中，对塔式起重机的安全保护装置、螺栓松紧、缺失等情况检查不到位，安全隐患未能及时发现。

(3)塔式起重机安全监理不到位。滨海监理公司未认真履行安全监理工作职责。对塔式起重机产权所有人提供虚假的塔式起重机安装资质、安装告知、使用登记手续等相关资料审查不严，对建设单位违规复工行为未及时向建设主管部门报告，对塔式起重机使用过程中存在的安全隐患未及时巡视发现和督促整改到位，对非法使用的塔式起重机未能严格监督停止使用，并向住

建部门报告。

(4)金业化工公司安全生产工作统一协调、管理不到位。安全生产管理责任不落实，未明确专人开展安全巡查，未正常开展施工安全管理，建设工程复工未向建设主管部门履行告知手续，未严格执行建筑工程安全管理规定，对存在的事故隐患未及时督促整改。

启示：施工参建各方都应履行自己的责任，重视安全培训，掌握安全规程，具备明辨是非的工程伦理精神，以精益求精的大国工匠精神为引领，做到生命至上，安全至上。

任务五　建筑施工安全检查等级评定

任务导入

工程实例采取的施工用电安全保证措施如下。

一、工程建设概况

(1)建筑名称：××××学院教学楼

(2)建设单位：××××学院

(3)建设地点：××××学院院内

(4)建筑面积：9 986 m^2

(5)建筑层数及高度：本工程共7层，室内外高差为450 mm。1～7层层高为4.2 m，顶层水箱间层高为3.9 m，建筑高度为29.85 m，建筑总高度为30.75 m

(6)资金来源及工程投资额：单位自筹2 000万元

(7)开工、竣工日期：2011.07.08—2012.06.30

(8)设计单位：××××设计研究院

(9)施工单位：××××建筑公司

(10)监理单位情况：××××监理公司

二、各项检查评分情况

分项检查评分汇总表见表7-8。

表7-8　分项检查评分汇总表

序号	检查项目	得分情况		
		1	2	3
1	安全管理			
2	文明施工			
3	脚手架			
4	基坑工程			
5	模板支架			
6	高处作业			
7	施工用电			

续表

序号	检查项目	得分情况		
		1	2	3
8	物料提升机与施工升降机			
9	塔式起重机与起重吊装			
10	施工机具			

知识储备

一、检查评分方法

(1)建筑施工安全检查评定中，保证项目应全数检查。

(2)建筑施工安全检查评定应符合《建筑施工安全检查标准》(JGJ 59－2011)各检查评定项目的有关规定，并应按评分表进行评分。检查评分表应分为安全管理、文明施工、脚手架、基坑工程、模板支架、高处作业、施工用电、物料提升机与施工升降机、塔式起重机与起重吊装、施工机具分项检查评分表和检查评分汇总表。

(3)各评分表的评分应符合下列规定：

1)分项检查评分表和检查评分汇总表的满分分值均应为100分，评分表的实得分值应为各检查项目所得分值之和。

2)评分应采用扣减分值的方法，扣减分值总和不得超过该检查项目的应得分值。

3)当按分项检查评分表评分时，保证项目中有一项未得分或保证项目小计得分不足40分，此分项检查评分表不应得分。

4)检查评分汇总表中各分项项目实得分值应按下式计算：

$$A_1 = \frac{B \times C}{100}$$

式中 A_1——汇总表各分项项目实得分值；

B——汇总表中该项应得满分值；

C——该项检查评分表实得分值。

5)当评分遇有缺项时，分项检查评分表或检查评分汇总表的总得分值应按下式计算：

$$A_2 = \frac{D}{E} \times 100$$

式中 A_2——遇有缺项时总得分值；

D——实查项目在该表的实得分值之和；

E——实查项目在该表的应得满分值之和。

6)脚手架、物料提升机与施工升降机、塔式起重机与起重吊装项目的实得分值，应为所对应专业的分项检查评分表实得分值的算术平均值。

二、检查评定等级

(1)应按汇总表的总得分和分项检查评分表的得分，对建筑施工安全检查评定划分为优良、合格、不合格三个等级。

(2)建筑施工安全检查评定的等级划分应符合下列规定：

1)优良：分项检查评分表无零分，汇总表得分值应在80分及以上。

2）合格：分项检查评分表无零分，汇总表得分值应在80分以下，70分及以上。

3）不合格：①当汇总表得分值不足70分时；②当有一分项检查评分表得零分时。

（3）当建筑施工安全检查评定的等级为不合格时，必须限期整改达到合格。

任务实施

任务：根据项目工程背景和项目安全检查评分汇总表，评定出项目安全检查等级表7-9。

表7-9　建筑施工安全检查评分汇总表

单位工程（施工现场）名称	建筑面积/m^2	结构类型	总计得分（满分分值100分）	项目名称及分值									
				安全管理（满分10分）	文明施工（满分15分）	脚手架（满分10分）	基坑工程（满分10分）	模板支架（满分10分）	高处作业（满分10分）	施工用电（满分10分）	物料提升机与施工升降机（满分10分）	塔式起重机与起重吊装（满分10分）	施工机具（满分5分）
评语：													
检查单位		负责人		受检项目		项目经理							

拓展训练

某办公楼工程，建筑面积为82 000 m^2，地下3层，地上20层，钢筋混凝土框架－剪力墙结构，距邻近六6住宅楼7 m，地基土层为粉质黏土和粉细砂，地下水为潜水。地下水水位为－9.5 m，自然地面为－0.5 m，基础为筏形基础，埋深为14.5 m，基础底层混凝土厚1 500 mm，水泥采用普通硅酸盐水泥，采取整体连续分层浇筑方式施工，基坑支护工程委托有资质的专业单位施工，降排的地下水用于现场机具、设备清洗，主体结构选择有相应资质的A劳务公司作为劳务分包，并签订了劳务分包合同。合同履行过程中，发生了下列事件：

事件一：基坑支护工程专业施工单位提出了基坑支护降水采用"排桩＋锚杆＋降水井"方案，施工总承包单位要求基坑支护降水方案进行比选后确定。

事件二：底板混凝土施工中，混凝土浇筑从高处开始，沿短边方向自一端向另一端进行。

在混凝土浇筑完24 h内对混凝土表面进行保温保湿养护，养护持续7 d。养护至72 h时，测温显示混凝土内部温度70 ℃，混凝土表面温度35 ℃。

事件三：结构施工至十层时，工期严重滞后。为保证工期，A劳务公司将部分工程分包给了另一家有相应资质的B劳务公司，B劳务公司进场工人100人，因场地狭小，B劳务公司将工人安排在本工程地下室居住。工人上岗前，项目部安全员向施工作业班组进行了安全技术交底，双方签字确认。

事件四：结构施工至十五层时，市建委有关管理部门按照《建筑施工安全检查标准》（JGJ 59—2011）等有关规定对本项目进行了安全质量大检查。检查人员在询问项目经理有关安全职责履行情况时，项目经理认为他已配备了专职安全员，而且给予其经济奖罚等权力，他已经尽到了安全管理责任，安全搞得好坏那是专职安全员的事。检查结束后检查组进行了讲评，并宣布

部分检查结果如下：(1)该工程《文明施工检查评分表》《“三宝”“四口”防护检查评分表》《施工机具检查评分表》等分项检查评分表(按百分制)实得分分别为80分、85分和80分(以上分项中的满分在汇总表中分别占20分、10分和5分)；(2)《起重吊装安全检查表》实得分为0分；(3)汇总表得分值为79分

问题：

1. 事件一中，适用于本工程的基坑支护降水方案还有哪些？

2. 降排的地下水还可用于施工现场哪些方面？

3. 指出事件二中底板大体积混凝土浇筑及养护的不妥之处，并说明正确做法。

4. 指出事件三中的不妥之处，并分别说明理由。

5. 根据事件四，项目经理对自己应负的安全管理责任的认识全面吗？说明理由。

6. 根据事件四，根据备分项检查评分表的实得分换算成汇总表中相应分项的实得分。本工程安全生产评价的结果属于哪个等级？说明理由。

拓展训练答案

安全管理案例分析

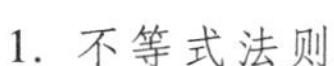

育人案例

安全生产十大法则

安全生产十大法则

安全是施工现场的重中之重，大家一定要重视安全，珍爱生命。在工作中遵纪守法、诚实守信。安全生产十大法则你知道吗？它所带来的启示大家要认真思考。

1. 不等式法则

10 000－1＝9 999，安全是1，位子、车子、房子、票子等都是0，有了安全，就是10 000；没有了安全，其他的0再多也没有意义。

启示：生命是第一位的，安全是第一位的，失去生命一切全无。所以，无论在工作岗位上，还是在业余生活中，时时刻刻要判断自己是否处在安全状态下，分分秒秒要让自己置于安全环境中，这就要求每名员工在工作中必须严格安全操作规程，严格安全工作标准，这是保护自我生命的根本，也是通往幸福生活、尊严人生的前提。

2. 海因里希法则

(1)事故法则：1∶29∶300∶1 000，每一起严重的事故背后，必然有29起较轻微事故和300起未遂先兆，以及1 000起事故隐患相随。

启示：对待事故，要举一反三，不能就事论事。任何事故的发生都不是偶然的，事故的背后必然存在大量的隐患、大量的不安全因素。所以，我们的安全管理，排除身边人的不安全行为、物的不安全状态等各种隐患是我们的首要任务，隐患排查要做到预知，隐患整改要做到预控，从而消除一切不安全因素，确保不发生事故。

(2)多米诺骨牌理论：在多米诺骨牌系列中，一枚骨牌被碰倒了，则将发生连锁反应，其余所有骨牌相继被碰倒。如果移去中间的一枚骨牌，则连锁被破坏，骨牌依次碰倒的过程被中止。

启示：事故的发生往往是由于人的不安全行为，机械、物质等各种不安全状态，管理的缺陷，以及环境的不安全因素等诸多原因同时存在缺陷造成的。如果消除或掘免其中任何内素的存在，中断事故连锁的进程，就能避免事故的发生。在安全生产管理中，就是要采取一切措施，想方设法，消除一个又一个隐患。在每个隐患消除的过程中，就消除了事故链中的某一个因素，可能就避免了一个重大事故的发生。所以，我们的任务就是发现隐患，不断消除隐患，不断避免事故，确保员工平安。

3. 墨菲法则

在生产经营活动中，只要存在安全隐患，事故总会发生，差别只是早晚、大小、轻重而已。

启示：我们在安全工作中，必须想尽一切办法，采取一切措施，在平时的工作中，要消除各种安全隐患，这是我们安全工作的首要任务。安全隐患主要表现在人的不安全行为、物的不安全状态、管理上的缺陷、环境的不安全因素等方面。安全生产工作要增强忧患意识，居安思危，才能更好地防患于未然。

4. 慧眼法则

有一次，福特汽车公司一大型电机发生故障，很多技师都不能排除，最后请德国著名的科学家斯特曼斯进行检查，他在认真听了电机自转声后在一个地方画了条线，并让人去掉16圈线圈，电机果然正常运转了。他随后向福特公司要1万美元作酬劳。有人认为画条线值1美元而不是1万美元，斯特曼斯在单子上写道：画条线值1美元，知道在哪画线值9 999美元。在安全隐患检查排查上确实需要“9 999美元”的慧眼。

启示：各级领导和管理人员要了解掌握本单位生产实际和安全生产管理现状，熟知与本单位生产经营活动相关的法律法规、标准规范、安全操作规程和事故案例，造就一双“慧眼”。结合本单位实际，熟练准确发现安全问题和隐患所在，采取措施，及时整改问题和隐患，不断改进和加强本单位安全生产工作。

5. 罗式法则

1∶5∶∞即1元钱的安全投入，可创造5元钱的经济效益，也可创造出无穷大的生命效益。任何有效的安全投入(人力、物力、财力、精力等)都会产生巨大的有形和无形的效益。

启示：安全投入是第一投入，安全管理是第一管理，生产经营活动的目的是让人们生活得更加安全、舒适、幸福，安全生产的目的就是保障人的生命安全和人身健康。生产任务一时没完成，可以补。一旦发生事故，将造成不可挽回的损失，特别是员工的生命健康无可挽救。所以，在安全生产中，各级、各部门、各岗位就是要多重视、多投入，投入一分，回报无限。

6. 90法则

90%×90%×90%×90%×90%=59.049%！安全生产工作不能打任何折扣，安全生产工作90分不算合格。主要负责人安排工作，分管领导、主管部门负责人、队长、班组长、一线人员如果人人按90分完成，安全生产执行力层层衰减，最终的结果就是不及格(59.049)，就会出事故，出大问题。

启示：安全生产责任、安全生产工作、安全生产管理，绝不能发生层层递减。如果按90%的速度递减，递减到第五层就是59.049%，完全不及格，就会出问题。

7. 南风法则(温暖法则)

南风法则(温暖法则)：北风和南风比威力，看谁能把行人身上的大衣吹掉。北风呼啸凛冽刺骨，结果令行人把大衣裹得更紧了；而南风徐徐吹动，人感觉春意融融，慢慢解开细扣，继而脱掉大衣。

启示：在安全工作中，有时以人为本的温暖管理带来的效果会胜过严厉无情的批评教育。

在安全生产工作中，安全培训、安全管理要以人为本，讲究实效，注重方法，要因人而教，因人而管。决不能生冷硬粗，以罚代管，以批代管，更不能放手不管。在安全培训上、管理上，就是把工作做在员工心里，创新方式，喜闻乐见，我要安全，确保实效。

8. 金字塔法则(成本法则)

系统设计1分安全性=10倍制造安全性=1 000倍应用安全性。意为企业在生产前发现一项缺陷并加以弥补，仅需1元钱；如果在生产线上被发现，需要花10元钱的代价来弥补；如果在市场上被消费者发现，则需要花费1 000元的代价来弥补。

启示：安全要提前做，安全要提前控，就是抓住安全的根本，预防为先，提前行动。在安全生产工作中，要预防为主，把任何问题都消灭在萌芽状态，把任何事故都消灭在隐患之中。

9. 市场法则

1∶8∶25。1个人如果对安全生产工作满意，他可能将这种好感告诉8个人；如果他不满意，他可能向25个人诉说其不满。

启示：安全管理就是要不断的加强安全文化建设，创新安全环境、安全氛围，提升员工安全责任、安全意识和安全技能，提高员工对安全的满意度。该法则也说明，生产安全事故是好事不出门，坏事传千里，安全事故影响大、影响坏、影响长。

10. 桥墩法则

一座大桥的一个桥墩被损坏了，上报损失往往只报一个桥墩的价值，而事实上很多时候真正的损失是整个桥梁都报废了。

启示：安全事故往往只分析直接损失、表面损失、单一损失，而忽略事故的间接损失、潜在损失、全面损失。实际上，很多时候事故的损失和破坏是巨大的、长期的、潜在的。所以，任何一个安全事故的损失，我们只是看到了冰山一角，可能更大的损失我们无法计算。我们唯一做的就是不发生事故，不产生损失，这是我们追求的，更是我们持之以恒、永不懈怠、一点一滴从自己做起的。

职业链接

一、单项选择题

1. 塔式起重机安装方案应由(　　)填写。

A. 施工单位　　B. 产权单位　　C. 租赁单位　　D. 有资质安装单位

2. 在滑坡地段挖土方时，不宜在(　　)施工。

A. 冬季　　B. 春季　　C. 风季　　D. 雨季

3. 模板及其支架在安装过程中，必须设置(　　)。

A. 保证工程质量措施　　B. 提高施工速度措施

C. 保证节约材料计划　　D. 有效防倾覆的临时固定设施

4. 采用扣件式钢管脚手架作模板立柱支撑时，立柱必须设置纵横向扫地杆，纵上横下，使直角扣件与立杆扣牢须在离地(　　)mm处。

A. 200　　B. 250　　C. 300　　D. 350

5. 基坑(槽)上口堆放模板为(　　)m以外。

A. 2　　B. 1　　C. 2. 5　　D. 0. 8

6. 钢丝绳在卷筒上缠绕时，应(　　)。

A. 逐圈紧密地排列整齐，不应错叠或离缝

B. 逐圈排列，不可以错叠但可离缝

C. 逐圈紧密地排列整齐，但可将叠或离缝

D. 随意排列，但不能错叠

7. 在起重作业中广泛用于吊索、构件或吊环之间的连接的栓连工具是(　　)。

A. 链条　　B. 卡环　　C. 绳夹　　D. 钢蚊绳

8. 拆除工程的建设单位与施工单位在签订施工合同时，应签订(　　)协议，明确双方的安全管理责任。

A. 质量　　B. 安全生产管理　　C. 资金拨付　　D. 施工进度

9. 振动器操作人员应掌握一般安全用电知识，作业时应穿绝缘鞋、戴(　　)。

A. 绝缘手套　　B. 帆布手套　　C. 防护目镜　　D. 线手套

10. 剪刀撑斜杆用旋转扣件固定在与其相交的横向水平杆伸出端或立杆上，旋转扣件中心线至主节点的距离不应(　　)mm。

A. 大于 150　　B. 小于 150　　C. 大于 200　　D. 小于 200

二、多项选择题

1. 根据我国《企业伤亡事故分类标准》(GB 6441—1986)，下列伤害事故中，属于“机械伤害”的有(　　)。

A. 高处坠落　　B. 搅拌机械传动装置断裂甩出伤人

C. 汽车倾覆造成人员伤亡　　D. 电动切割机械防护不当造成操作人员受伤

E. 起重机吊物坠落砸伤作业人员

2. 下列施工单位的作业人员中属于我省规定的特种作业人员有(　　)。

A. 架子工　　B. 钢筋工　　C. 电工　　D. 瓦工　　E. 电(气)焊工

3. 各类模板拆除的顺序和方法，应根据模板设计的规定进行。如果模板设计无规定时，应符合的规定有(　　)。

A. 先支的后拆，后支的先拆

B. 先支的先拆，后支的后拆

C. 先拆非承重的模板，后拆承重的模板及支架

D. 先拆承重的模板，后拆非承重的模板及支架

4. 遇到(　　)等恶劣气候，严禁露天起重吊装和高处作业。

A. 强风　　B. 大雪　　C. 高温　　D. 零下 5 ℃以下天气　　E. 浓雾

5. 塔式起重机上必备的安全装置有(　　)。

A. 起重量限制器　　B. 力矩限制器　　C. 起升高度限位器

D. 卷扬限位器　　E 幅度限制器

三、案例题

某市中心区新建一座商业中心，建筑面积为 26 000 m^2，地下 1 层，地上 12 层，首层高为 4.8 m，标准层高为 3.6 m，结构形式为钢筋混凝土框架结构，柱网尺寸为 8.4 m×7.2 m，其中二层南侧有通长悬挑露台，悬挑长度为 3 m。施工现场内有一条10 kV高压线从场区东侧穿过，由于该 10 kV 高压线承担周边小区供电任务，在商业中心工程施工期间不能改线迁移。

某施工总承包单位承接了该商业中心工程的施工总承包任务。该施工总承包单位进场后，立即着手进行施工现场平面布置：

(1)在临市区主干道的南侧采用 1.6 m 高的砖砌围墙作围挡；

(2)为节约成本，施工总承包单位决定直接利用原土便道作为施工现场主要道路；

(3)为满足模板加工的需要，搭设了一间 50 m^2 的木工加工间，并配置了一只灭火器；

(4)受场地限制在工地北侧布置塔式起重机一台，高压线处于塔式起重机覆盖范围以内。

主体结构施工阶段，为赶在雨季来临之前完成基层回填土任务，施工总承包单位在露台同条件混凝土试块抗压强度达到设计强度的80%时，拆除了露台下模板支撑。主体结构施工完毕后，发现二层露台根部出现通长裂缝，经设计单位和相关检测鉴定单位认定，该裂缝严重影响到露台的结构安全，必须进行处理，该事故造成直接经济损失20万元。

问题：

(1)工程结构施工脚手架是否需要编制专项施工方案？说明理由。

(2)指出施工总承包单位现场平面布置(1)～(3)中的不妥之处，并说明正确做法。

(3)在高压线处于塔式起重机覆盖范围内的情况下，施工总承包单位应如何保证塔式起重机运行安全？

(4)完成表7-10中a、b、c内容的填写。

表7-10　现浇混凝土结构底模及支架拆除时的混凝土强度要求

构件类型	构件跨度/m	达到设计的混凝土立方体抗压强度标准值的百分率/%
梁	7.2	a
	8.4	b
悬挑露台		c

(5)工程质量事故按造成损失严重程度划分为哪几类？本工程露台结构质量事故属于哪类？说明理由。

职业链接答案

附　录

附录

参考文献

[1]郑惠虹．建筑工程施工质量控制与验收[M].2版．北京：机械工业出版社，2020.

[2]白锋．建筑工程质量检验与安全管理[M]．北京：机械工业出版社，2017.

[3]王波，刘杰．建筑工程质量与安全管理[M]．北京：北京邮电大学出版社，2010.

[4]张平．建设工程质量验收项目检验简明手册[M].2版．北京：中国建筑工业出版社，2020.

[5]张传红．建筑工程管理与实务：案例题常见问答汇总与历年真题详解[M]．北京：中国电力出版社，2013.

[6]裴哲．建筑工程施工质量验收统一标准填写范例与指南(上下册)[M]．北京：清华同方光盘电子出版社，2014.

[7]中华人民共和国住房和城乡建设部．GB 50300—2013 建筑工程施工质量验收统一标准[S]．北京：中国建筑工业出版社，2014.

[8]中华人民共和国住房和城乡建设部．GB 50202—2018 建筑地基基础工程施工质量验收标准[S]．北京：中国建筑工业出版社，2018.

[9]中华人民共和国住房和城乡建设部．GB 50208—2011 地下防水工程质量验收规范[S]．北京：中国建筑工业出版社，2011.

[10]中华人民共和国住房和城乡建设部．GB 50204—2015 混凝土结构工程施工质量验收规范[S]．北京：中国建筑工业出版社，2015.

[11]中华人民共和国住房和城乡建设部．GB 50203—2011 砌体结构工程施工质量验收规范[S]．北京：中国建筑工业出版社，2011.

[12]中华人民共和国住房和城乡建设部．GB50207—2012 屋面工程质量验收规范[S]．北京：中国建筑工业出版社，2012.

[13]中华人民共和国住房和城乡建设部．GB 50210—2018 建筑装饰装修工程施工质量验收标准[S]．北京：中国建筑工业出版社，2018.

[14]中华人民共和国住房和城乡建设部．GB 50209—2010 建筑地面工程施工质量验收规范[S]．北京：中国建筑工业出版社，2010.

[15]中华人民共和国住房和城乡建设部．JGJ 180—2009 建筑施工土石方工程安全技术规范[S]．北京：中国建筑工业出版社，2009.

[16]中华人民共和国住房和城乡建设部．JGJ 120—2012 建筑基坑支护技术规程[S]．北京：中国建筑工业出版社，2012.

[17]中华人民共和国住房和城乡建设部．JGJ 130—2011 建筑施工扣件式钢管脚手架安全技术规范[S]．北京：中国建筑工业出版社，2011.

[18]中华人民共和国住房和城乡建设部．JGJ 276—2012 建筑施工起重吊装安全技术规范[S]．北京：中国建筑工业出版社，2012.

[19]中华人民共和国住房和城乡建设部 . JGJ 196—2010 建筑施工塔式起重机安装、使用、拆卸安全技术规程[S]. 北京：中国建筑工业出版社，2010.
[20]中华人民共和国住房和城乡建设部 . JGJ 215—2010 建筑施工升降机安装、使用、拆卸安全技术规程[S]. 北京：中国建筑工业出版社，2010.
[21]中华人民共和国国家质量监督检疫总局，中国国家标准化管理委员会 . GB 10055—2007 施工升降机安全规程[S]. 北京：中国标准出版社，2007.
[22]代洪伟，牛恒茂 . 建筑工程安全管理[M]. 北京：机械工业出版社 . 2020.
[23]中华人民共和国住房和城乡建设部 . JGJ 59—2011 建筑施工安全检查标准[S]. 北京：中国建筑工业出版社 . 2012.
[24]北京市建设工程安全质量监督总站，北京建科研软件技术有限公司 . 建筑施工安全检查指南——《建筑施工安全检查标准》JGJ 59—2011 配套用书[M]. 北京：中国建筑工业出版社 . 2012.
[25]全国一级建造师执业资格考试命题中心 . 一级建造师历年真题 · 押题模拟[M]. 南京：东南大学出版社 . 2021.
[26]中国建设教育协会继续教育委员会 . 建筑施工安全事故案例分析[M]. 北京：中国建筑工业出版社 . 2016.
[27]住房和城乡建设部工程质量安全监管司 . 建筑施工安全事故案例分析[M]. 北京：中国建筑工业出版社 . 2019.
[28]周和荣 . 建筑施工安全隐患排查治理与事故案例分析[M]. 北京：中国环境出版社 . 2016.
[29]住房和城乡建设部工程质量安全监管司 . 建筑施工安全事故案例分析[M]. 北京：中国建筑工业出版社 . 2019.